UNDERSTANDING
GLOBAL
IC INDUSTRY

一本書看懂晶片產業

給未來科技人的入門指南

謝志峰、陳大明——編著

目次

第1部 創業家、叛徒、仙童

第2部　下一刻，風雲變色

第3部　唯創新者強

一本書看懂
晶片產業

【推薦序・黃欽勇】

燈火闌珊處，時代的轉折與契機

時代的轉折總是幽暗不明，亞洲的新興經濟體從一九七〇年代起，持續嘗試在半導體領域中找到突破口。台灣、韓國如此，中國大陸也不例外，而中國大陸最重要的試金石，無疑是創辦於二〇〇一年的中芯國際。

中芯國際初創不久，我在朋友引介下拜訪中芯國際，談吐優雅，對於半導體業充滿熱情的謝志峰博士讓我印象深刻。十幾年後，早安財經出版社的負責人雲驄兄要我為這本書寫推薦序，除了是緣分之外，也認為本書就在中美貿易戰掀鍋之際出版，更具特殊的時代意義。

志峰兄從一九五〇年代矽谷半導體業的濫觴談起，一九八〇年代美日之間的幾度拉鋸；一九九〇年代韓國如何逆勢投資，台灣如何專注代工也都有所著墨，但對台灣科技業想了解中國大陸半導體產業發展始末的人而言，這本書更是「Insider」的筆記觀察。

作者是一九七九年級中國大陸改革開放後的早期大學生，得天獨厚的他到美國ＲＰＩ得到半導體專業的博士學位，這是躬逢時代變革的盛事，而之後他曾在英特爾顛峰時期的一九八八～一九九五年間服務於英特爾，也看到飛躍成長的矽谷企業，之後更在中芯國際創立之初回到中國大陸，成為中國大陸半導體產業開疆拓土的關鍵人物。三次的轉折，志峰兄都不曾錯過，這也是他能寫下這本書的重要基礎。

不久之前，我曾與一九七四年主持台灣從RCA引進CMOS技術的計畫主持人胡定華博士談起，應該把四十幾年來，台灣半導體的興衰起伏做一個記錄。但胡先生說：「半導體是一個快速向前邁進的產業，敘述過去的歷史，對於未來的幫助有限。」胡先生無意著書立傳，但卻同意每一個轉折的過程，都需要不同的智慧與勇氣。

這本書是一個中年、直接參與半導體第一線建設的中國大陸科技專家，對中國大陸半導體業四十年的觀察與期許。從二〇〇〇年以後，全球關注的重點產業，從鋼鐵、石化、汽車、造船、面板、太陽能、車用電池、手機，中國大陸無役不與，也戰無不克，唯獨半導體產業到二〇一八年仍有兩千兩百七十四億美元的逆差。現在中國大陸試圖以「中國製造二〇二五」與大基金來帶動半導體產業的發展，中國大陸能突破技術高牆嗎？也許我們可以從謝志峰博士的著作裡看到「行內人」記錄的蛛絲馬跡。

（本文作者為《電子時報》社長）

【推薦序‧張汝京】

娓娓道來，深入淺出的一本好書

晶片作為人類電子業最偉大的發明之一，已經無處不在地融入我們的生活：從手機、電腦、電梯、冰箱、空調、洗衣機，到汽車、高鐵、機器人、儀器儀表、醫療器械，甚至紅綠燈系統、共享單車，都可以看到晶片的作用。雖然我們每天都在接觸晶片，不少人從事的產業也與晶片有關，但是由於技術性太強，很多人不知道從何入手來了解晶片：晶片到底是什麼產品？晶片怎樣影響我們的生活？晶片產業到底是個什麼樣的產業？晶片會如何左右我們的工作？我們在投資時應當如何看待晶片的因素？晶片未來將怎樣發展，這又給我們帶來什麼樣的變化？

自從美國商務部做出對中興通訊的禁售令後，更多的人加入到這些問題的探討中。謝志峰和陳大明編著這本書，恰逢其時。書寫的方式獨到而且生動，讓我們忍不住一口氣讀完，全面了解晶片開發的各環節。這本書包羅萬象，內容涵蓋晶片產業的技術、產品、工藝、應用、管理、戰略、政策等方方面面，但卻又是用娓娓道來的方式，引導讀者體會真實而又精采的故事和案例，自然而然地領略晶片產業的發展軌跡，深入淺出地介紹晶片產業的發展邏輯。

在產業案例中，謝志峰和陳大明將一些重點計畫和關鍵科技介紹得恰到好處。在書中，讀者可以看到為什麼企業能夠在轉型競爭中勝出或失敗，為什麼從業者必須秉承精益求精的精神，為什麼決策者需要深刻領悟晶片與其他產業的不同發展特點。了解了這些，就會知道晶片產業為什麼需要不斷強調人才密集、技術密集和資金密集的特點。更難的是，對於晶片企業的經營者和管理者來說，掌握人才、技術和資金要素只是基礎，創建新的模式、準確把握產業週期則更是關鍵。由此，我們才會品味到，各種各樣的智慧產品不斷反覆運算背後的艱辛。

所以，無論你是晶片產業的從業者，還是只對晶片本身感興趣的大眾，這本書都是個認知的「視窗」：對於政策制定者來說，由此可以更清晰地精準施策；對於投資者來說，由此可以更好地了解投資方向、重點、時機和策略；對於管理者來說，由此可以更好地統籌資源和各個環節；對於從業者來說，由此可以更好地了解自己的職位處於哪個環節，從而更好地規劃職業生涯；對於學生來說，由此可以更好地了解產業鏈，更好地謀劃未來。讀完這本書，也就可以在快速的發展中，更為清醒地認清所面臨的機遇與風險，找準發展的定位，提高自己的競爭力，掌握未來的主動權。我熱忱地推薦這本書，深信閱讀《一本書看懂晶片產業》能夠給讀者帶來更多的樂趣、知識和收益。

（本文作者為芯恩（青島）集成電路有限公司董事長、青島大學講席教授）

【推薦序・魏少軍】

一本認識晶片未來發展的通俗讀物

收到謝志峰博士這本書稿的時候，恰好剛剛從美國出差回來。由於時差的原因以及手頭積壓著太多要處理的事情，所以沒有去特別關注。這兩天，在夏威夷檀香山出席 Symposia on VLSI Technology and Circuits 國際學術會議，閒暇時間快速翻閱了一下書稿，感到謝志峰博士確實花了不少心血來組織材料，並寫出這樣一部有內容的著作。

了解過去才能夠理解現在，了解過去和現在才能預判未來。今天，中國大陸半導體產業的發展處在一個關鍵時刻。伴隨著中美貿易衝突，特別是美國政府對中興通訊下達的禁售令，讓全社會突然認識到半導體的重要性，讓我們這些在半導體晶片領域工作了大半輩子的人有種「受寵若驚」的感覺。謝博士在這本書中回憶了從上世紀中葉電晶體的發明、積體電路的誕生及後面數十年的發展，可以幫助讀者比較系統地了解我們這個產業的「芯」路歷程，深入認識晶片技術的複雜度及前輩們為此付出的巨大心血。

發展晶片技術從來就不是一件容易的事情，其發展需要長期不懈的堅持、巨量資源的投入和幾代人孜孜不倦地追求和奮鬥，絕不像有些人想像的那樣可以「今天栽樹，明天摘果」。新世紀以來的近二十年中，我們看過太多「超英趕美」式的口號，也聽過很多人信誓旦旦的「突破創新」，但在中國大陸半導體產業的發展歷程中，很難發現這些口號和所謂「突破創新」有什麼貢獻。這兩年，「嚇尿體」充斥社交媒體，甚至少數嚴肅媒體也受到影響，極大地影響了全社會對中國大陸發展的客觀認識。當中興通訊事件出現後，這些之前要「嚇尿」別人的又幾乎在一夜中「被嚇尿」了，反映出某些人的無知和淺薄。認真地讀一下謝志峰博士這本書，也許可以幫助大家清醒一下頭腦，堅定一下信念，更明白中國大陸的晶片技術和產業發展還需要至少二十年和一代人的努力，才有可能攀上世界的高峰。

寫晶片的發展歷史是件很難的事情，尤其是寫中國大陸晶片的發展歷史更是難上加難。中國大陸晶片的發展艱難而曲折。由於各種原因，不少重要事件沒有被清晰地記載，一些重要事件的發生背景和過程也未能形成共識，特別是許多重要人物在中國大陸晶片發展過程中的重要作用更是難以評判。所以，敢於去寫中國大陸晶片發展史這件事本身就需要勇氣。

我很佩服謝志峰博士在書中對中國大陸晶片發展的歷程嘗試著進行描述。雖然我答應寫序，但並不意謂著我認為他對中國大陸晶片發展歷史的描述就是系統和完整的，更不敢說是完全正確的了。但是，如果不去碰觸中國大陸晶片的發展歷史，這本書的價值也許就無法體現。這也是本書存在的一種「缺陷美」吧。希望讀者在閱讀的過程中，不必去糾纏某件事的具體細節和某個人的具體貢獻，僅當作是一種背景素材來了解，這可以減少不必要的煩惱。

總之，對於有志於投身晶片事業或想要了解晶片產業的人來說，這是一本了解晶片產業為什麼能夠發展、如何發展到現在以及未來將向何處發展的通俗讀物。相信讀者一定會從中有所收穫、有所思考。

（本文作者為北京清華大學教授）

【推薦序・朱一明】

在新的歷史起點上，恰逢其時

很榮幸受到謝博士邀請為這本書寫序。

晶片是資訊產業的基礎，對整個國民經濟和社會發展意義重大，是構築大國競爭力的核心產品之一。近年來，雲端運算、物聯網、人工智慧等資訊科技的快速發展，將人類全面帶入數位化、網路化、智慧化的時代。未來的智慧時代需要什麼樣的中國大陸晶片？這已是大家共同關注的問題。

中國大陸晶片的進口依賴仍然十分明顯，加快發展晶片事業是決勝未來的必然要求。晶片事業的發展，需要科學的謀劃。在摩爾定律的推動下，晶片產業的發展有其自身的規律。例如，晶片產品的開發，除了技術難度大、投資要求高之外，還有明顯的市場週期特徵。只有把握這些特徵和規律，準確地謀劃產業發展，才能在激烈的市場競爭中勝出。

歷史是一面鏡子。以史為鑒，可以以更加寬廣的視野、更加開闊的思路來統籌謀劃晶片事業的發展。我和謝博士相識是在二〇〇六年，那時我剛回國創業。當時，謝博士作為中國大陸培養的人才在中芯國際做高管，主管中國大陸區的銷售。作為客戶和合作夥伴，我有幸認識謝博士，他給我的第一印象是個非常陽光的、有智慧的、富有學者氣質的管理者。此後，我們與中芯國際的合作也很成功。

再和謝博士的交集已在二〇一一年，當時他已離開中芯國際，加入創業公司矽睿微電子做CEO，可以真切感受到謝博士希望給中國大陸積體電路做出更大貢獻的心願。陸陸續續地，我們有很多機會在一起探討中國大陸積體電路的發展，以及各產業的見聞、趨勢和人物。

謝博士離開矽睿後，創辦了艾新教育學院。為此，我還專門找謝博士討論過。對於從事教育事業的人，我從來都非常敬仰：能夠用自己多年的從業經驗，將年輕的創業者們打造為企業家，真的是很了不起的事業。秉承從英特爾這些大師和傳奇人物身上學習到的管理經驗，謝博士為中國大陸積體電路產業培養出了數批業務菁英。

謝博士寫的這本書，涵蓋了波瀾壯闊的積體電路發展歷史。其中，英特爾、三星等跨國企業的發展，以及國內積體電路發展的回溯都有大篇章。書中描述的國內外積體電路的幾條發展主線的狀況，對我們的啟示頗深。這也是我們作為從業者一直所追求的：把積體電路的這些人、事和知識，讓更多普羅大眾所了解、所熟悉。中興事件就是對大眾的一次知識普及。在積體電路的技術發展上，我們與國外的差距還非常大，過去幾十年經歷了很多的坎坷。走到今天，中國大陸的積體電路產業已經初具雛形，但還未成為世界晶片產業主要力量之一，還需要更多的努力。在積體電路應用的新興市場，例如人工智慧、物聯網等，中國大陸已經基本和世界同步，甚至在有些消費應用領域上引領世界，這也意味著中國大陸積體電路產業發展的巨大前景。

這本書的出版，為大眾了解積體電路發展史中的各種人和事，打開了一扇窗。無獨有偶，兆易創新在合肥建造的中國大陸首個公益性積體電路科技館，也在此時開館。無論是書還是科技館，我們的初衷都是面向廣大學生和社會人士，讓他們更多地了解積體電路知識，以更好地推動中國大陸積體電路的發展。因此，科技館打開的這扇門，和本書打開的這扇窗，有著異曲同工之妙：我們和其他很多的同行一樣，都在想為這個複雜產業的科普事業做些貢獻，以此啟迪更多的奮進者來開拓屬於中國大陸晶片的新事業。在新的歷史起點上，這恰逢其時。

（本文作者為兆易創新創始人、董事長）

【謝志峰序】把晶片的來龍去脈，講清楚

我有幸經歷了這個偉大的時代，親眼見證了全球晶片發展的青春的激情、痛苦和失誤，親身經歷中國大陸半導體產業飽含著勞動的汗水、創業的體驗、夢想的追逐。

一九八三年大學畢業之後，我踏上了留學美國攻讀博士的征程。當時，獲得了諾貝爾物理學獎的楊振寧和李政道，是物理學專業的學生最崇拜的楷模，我也不例外。再加上當時美國高校給數理化專業學生的獎學金、助學金較為豐厚，因此不用擔心學費和生活費的問題，所以我也走上了這一道路。

理論力學、量子力學、電動力學、統計力學這四大力學是所有物理學研究生必須攻克的難題，其中電動力學已是讓大家都覺得是「天書」，但是比「天書」還要深奧的是量子色動力學。學完量子色動力學後，我終於發現這些高深的物理學理論並不是每個學生的歸宿，從小喜愛物理的我終於發現自己實際上很難成為理論物理學家，應用物理才更適合我：我可以在實用產品方面

同樣做出物理學的貢獻。

此時，以個人電腦為代表的電子產品的熱潮已經興起，ＩＢＭ個人電腦和蘋果電腦成為大家關注的焦點。那個時候，已經有兩家公司做出了性價比非常高的微處理器晶片：摩托羅拉和英特爾，分別供應蘋果公司和ＩＢＭ。

當時，我認定晶片的應用前景廣闊，以此作為職業生涯的起點是個不錯的選擇。在博士生導師穆拉爾卡（Murarka）教授的推薦下，我有幸去英特爾研發中心面試，當時負責招聘的主管是英特爾技術大師 Leo Yau 博士，他與穆拉爾卡教授在貝爾實驗室時曾是同事。當時已經進入英特爾公司工作的楊士寧博士，是我在倫塞利爾理工學院讀書時期的學長，他在英特爾工作非常努力，也非常成功。我向楊博士請教了面試的過程和技巧，而楊博士則帶我先去英特爾公司的辦公室和會議室參觀，以免對陌生的環境感到緊張。楊博士的妙招果然見效，我順利地通過了面試。

一九八八年，我進入英特爾公司工作，當時英特爾還是一家中型晶片公司；一九九五年我離開的時候，英特爾已經如日中天，發展成為世界第一大晶片公司。

儘管在全球頂級的晶片公司工作多年，但是回到中國大陸從事晶片產業一直是我的夢想。二〇〇一年六月，張汝京博士創辦中芯國際，我終於可以回到闊別十八年的故鄉上海實現夢想。那時的張江，還只是一片農田，中芯國際就在這片農田上生根、深耕，播下了中國大陸晶片的新種子。張博士帶我去工地時，震耳欲聾的打樁聲，已成為奮鬥者美妙的音樂，為新種子的萌發帶來了希望。

張博士語重心長地對我說：「中芯國際是上海的企業，我是台灣人都在這裡努力奮鬥。你是上海人，你更應該加入中芯國際團隊。」從此，我義無反顧地投身到中芯國際熱火朝天的創「晶」歷程。中芯國際的努力，終於在二〇〇一年九月二十五日迎來了歷史性的時刻——第一片晶片量產成功，這在當時的速度已讓世界驚豔，連天公都作美：就在前一天晚上，大家還在風雨交加、道路泥濘中擔心慶典能否順利，但是一覺醒來已是陽光明媚的清晨，綠草鮮花伴隨著收穫的芬芳。不得不信的是，張博士所言非虛，中芯國際是受到上天寵愛的企業。

今天再來看中芯國際所取得的成就，感慨萬千，從張汝京、王陽元等一批人開始的接力，正是中國大陸晶片成長的縮影。

在投身中國大陸晶片發展的十多年後，我的同學王嵐（上海世紀出版集團總裁）提醒我，是不是應該寫一本書來總結一下在中國大陸科技產業工作的經驗，我當時想還是等到退休以後再寫。不過，中興通訊晶片禁售事件改變了我的想法。一時間，晶片成了這個時代的「網紅」，有人說要「力挺」、「倒逼」、「不惜一切代價」推動晶片自主研發，也有人說「晶片差距不能一概而論」、「不惜一切代價發展晶片產業是危險的」，無論政府、企業還是普羅大眾，熱議之中卻發現連晶片到底是什麼、從何而來都搞不明白。

很多朋友問我晶片到底是什麼？為什麼那麼重要？我們自己就做不出來嗎？一定要買國外的晶片嗎？如果美國不給中興通訊或其他中國大陸企業供應晶片，對我們會有怎麼樣的影響？這些問題都沒有簡單的答案，我覺得應該寫一本書來把晶片的來龍去脈講清楚。

之前一個偶然的機會，我遇到中國科學院的陳大明，他對科技產業的歷史非常有研究，也累積了不少晶片產業的發展史料。我倆一拍即合，決定一起用相對通俗易懂的語言，書寫晶片產業的發展歷程。

不過，積體電路產業技術複雜、專業性強，很難簡單寫就。我們秉持著有故事、有情懷、有遠見的原則，盡可能地避免晦澀難懂的理論闡述和技術論證，在產業發展的歷史故事中，介紹晶片的發展歷程。

無論是從業人員，還是想了解晶片的小白，包括關注晶片產業發展的政府工作人員和科技開發園區的從業者，都能從這本書中汲取關於半導體產業發展的實用資訊：結合過去三十年我在美國英特爾公司和中芯國際的實戰經歷和切身體會，以案例分析為主線來思考和評價產業歷史，從歷史中汲取經驗和教訓，為轉型升級中的中國大陸提供新視野、新思路、新方法。以產業發展的歷史視角，回看美國、歐洲、日本、韓國和台灣的積體電路簡史，以眾多經典案例、奇聞趣事剖析積體電路產業發展的時代背景、商業模式、技術動力、投資週期等，從中體驗不同時期的產業發展特點，以及未來中國大陸晶片的發展趨勢。

回過頭看，早期的電腦用真空電子管，需要大樓般龐大的系統。貝爾實驗室發明了電晶體之後，電腦尺寸已大幅度縮小。回看這六十年晶片發展歷史，商業模式的演變關鍵，無論是開始的垂直一體化模式還是後來的代工模式，以及將來的共用經濟模式，都有其成功的道理和歷史背景。晶片產業要發展得好，必須要有政府的規劃和強力支持，純粹靠市場經濟是沒有辦法做到世界領先的。晶片產業的典型特點就是資金密集、人才密集和技術密集，因而需要有政府積極的產業政策來支援，包括要提供足夠的資金，充足的人才儲備、技術的長期累積和對知識產權的保護和尊重。

我見證了三十年世界晶片產業的發展歷程，也見證了從歐美向東亞的晶片產業轉移歷程。我相信未來人類可以把晶片做得更加好，也相信在中國大陸這片沃土上，晶片可以廣泛地應用於物聯網、人工智慧、大數據等諸多領域。從一九八八～一九九五年，我見證了英特爾從中型半導體公司躍升為世界第一晶片公司的奇蹟，興奮與驚訝之餘，我也一直在思考，什麼時候中國大陸也有像英特爾、三星電子和德州儀器這樣的世界級晶片企業呢？

我相信，這一天終會到來。

前言 高科技與匠人精神

二〇一八年四月十六日，美國商務部發布公告，美國政府在未來七年內禁止中興通訊向美國企業購買敏感產品。由於中興的基頻晶片、射頻晶片、處理器晶片對美國供應商的依賴程度大，因而晶片成為「敏感產品」中的焦點。一時間，各界人士紛紛發表意見和觀點，全面反思晶片遇到的制裁，警示無晶片可用或將面臨的困境，探索晶片自製之路該如何走下去。

這些討論有專業的真知灼見，有奮鬥在一線的經歷和體會，有晶片領域的努力和成敗梳理。在這些「碎片化」的討論背後，實則有晶片產業自身的發展規律和經營特點，認識這些規律和特點是我們未來從晶片出發的起點。

歷史是最好的老師，在產業史中回顧、感受和探究晶片從何處來、往何處去，或許是了解晶片產業的最好途徑之一。

二〇一七年底，我們已經蒐集、整理了晶片產業發展的各種史料，不過考慮到公開文獻記載的有限，始終未能下決心將《一本書看懂晶片產業》成書出版。二〇一八年四月，身邊發生的兩件事促使我們改變了決定：一是中興通訊遭美國制裁；二是兆易創新在安徽省合肥市南豔湖科技城建立了公益性的「兆易積體電路科技館」，向公眾免費開放展示晶片產業的過去、現在與未來，普及科學工程知識，為青少年開啟未來智慧生活的夢想。

美國商務部的禁售制裁，推高了中國大陸對晶片產業的反思浪潮。怎麼補齊關鍵技術的不足？正如鰭型電晶體（FinFET）發明人胡正明博士在兆易積體電路科技館的開館典禮上指出的，普及積體電路知識、梳理產業發展歷程、介紹產業鏈各環節，是「提高積體電路產業認知度和中國大陸積體電路產業人才培養」的基礎性工作。

我們將此書整理成冊的初衷亦是如此：儘管我們無法精準地刻畫每一個歷史細節，但是我們可以從中勾勒出晶片發展的脈絡和輪廓，讓讀者對各國家和地區晶片產業的緣起有更深的理解，對晶片產業和企業的探索有更直觀的印象，對晶片未來的發展有更多的啟迪。為此，我們決定從晶片產業的發展歷程、先進國家及其企業的晶片發展、中國大陸晶片產業的探索、晶片產業的未來這四部分來展開，在國家、企業、人才的決斷和努力中，讓讀者來領略屬於晶片產業獨有的精采。

在梳理中，我們最為深刻的體會就是晶片產業發展的不易。從普普通通的石英砂，到電子資訊產業「皇冠上的明珠」晶片，需要經歷極其嚴苛、極高難度的淬煉才能達到九十九．九九九九九九九九九九％的高純度，還需要集創造性的科學思維的見解、藝術般的設計、嚴謹的工匠精神、精密的品質管制於一體，才能在小小的晶片上成就如同城市交通網絡般浩瀚的電路。如果細細品味其中的精益求精，用「一沙（晶片）一世界」來比擬或不為過。

所以，成就晶片的大師，都是有情懷的匠人。二〇一八年四月二十六日，中國大陸習近平總書記在武漢新芯集成電路製造有限公司聽取了國家記憶體基地計畫情況介紹，並到生產車間察看國內領先的積體電路生產線。他強調，裝備製造業的晶片，相當於人的心臟。心臟不強，體量再大也不算強。要加快在晶片技術上實現重大突破，勇攀世界半導體存取科技高峰。「兩個一百年」奮鬥目標不是敲鑼打鼓、輕輕鬆鬆就能實現的。機遇前所未有，挑戰前所未有。每個人都要增強責任感、使命感，在各自崗位上為中華民族偉大復興做出更大貢獻。

習近平總書記的講話，為中國大陸積體電路產業發展的戰略定位和歷史使命指明了方向。要把握歷史使命、在戰略競爭中勝出，就需要對晶片產業的發展有準確的認知。在摩爾定律的驅動下，積體電路產業的發展猶如飛馳的「賽車」，「賽車手」需要精準地控制賽車行駛的方向、賽道、速度和把握進站加油的時機，一不留神就會被對手超越。只有新的對手，沒有永遠的冠軍。在這個沒有終點的賽道上，正是「賽車手」和「車隊」永無止境的努力，才驅動了晶片和下游系統產品的升級換代。在這場永不停歇的競爭中，速度超越了規模，創新取代了資源，成為最關鍵的制勝因素，而國家的支持是產業發展的必要條件。

正因如此，任何晶片的開發要獲得成功，就必須趕上一日千里的產業更新速度，否則只能在升級換代中被淘汰。而這又意謂著必須協調好政策、人才、投資、技術和市場的經營關係，建立起足夠的技術升級能力、週期擴展能力和綜合管理能力。基礎材料、工業設計、精加工、軟體設計、生產線等積體電路產業發展能力背後的統籌協調，顯然不是單個企業、單純的市場機制就能實現的，只有國家戰略層面的系統布局、合理引導和協同創新，才能使海外回流的頂級人才、蓬勃發展的國內人才有其充分的用武之地，讓民族企業在全球的激烈競爭中扎實根基、全力衝刺，讓中國大陸晶片的自力更生、創新升級之路越走越穩、越行越遠。

如果說不斷創新是積體電路產業發展的主旋律，那麼持續投資就是積體電路產業發展的基本要求。

全球化的視野、協同化的創新、市場化的機制、週期化的投資、專業化的管理，匯聚了巧手匠人的無數心血，凝聚成自主創「晶」的共識，集聚著迎接挑戰、攻堅克難的強勁動力，孕育著欣欣向榮的未來。希望在對全球六十年積體電路產業發展歷史的梳理中，能與讀者諸君共同品味艱難創業、持續創新中拚搏奮進者的不易。希望本書能給積體電路的政策制定者、投資者、經營者、管理者和其他各類從業者以經驗啟迪，給有志於投身積體電路產業的人員以綜合認知，給積體電路的下游應用以策略依據，給有興趣了解積體電路的大眾以產業知識，為半導體產業的發展獻上棉薄之力。

第 1 部

創業家、叛徒、仙童

半導體的誕生

仙童半導體公司就像個成熟了的蒲公英，
你一吹它，這種創業精神的種子就隨風四處飄揚了。

——史蒂夫．賈伯斯（Steve Jobs）

1 還記得，Intel 這名字的典故嗎？

說起晶片，就不得不提英特爾公司。一九六八年，仙童半導體的兩位創始人羅伯特・諾伊斯（Robert Noyce）和戈登・摩爾（Gordon Moore）離職，創辦了英特爾公司（Intel Corporation）。

起初，兩人希望以其名字組合「Moore Noyce」註冊名稱，但是又覺得不夠「優雅」。後來，兩人想到以集成電子學（Integrated Electronics）英文單詞的縮寫為公司名稱——「Int-el」。目前，英特爾已成為了積體電路的代名詞。一九七一年，英特爾推出了全球第一個微處理器，由此帶來的積體電路革命改變了整個世界。

說英特爾是積體電路的代名詞，一點也不為過。除了後來英特爾引領全球的微處理器開發外，英特爾的創始人諾伊斯曾經發明了世界上第一塊矽積體電路，用平面工藝製造出了第一塊實用化的晶片。

偉大的「電晶體之父」，可惜……不會做生意

諾伊斯生於美國愛荷華州，中學畢業後考入格林納爾學院，同時學習物理、數學兩個專業，一九五三年獲麻省理工學院物理學博士學位，在費爾科公司工作了三年後加入了著名物理學家威廉・布拉德福德・肖克利（William Bradford Shockley）創辦的公司——肖克利半導體實驗室股份有限公司（Shockley Semiconductor Laboratory），簡稱肖克利實驗室。

「電晶體之父」肖克利同樣在麻省理工學院獲得博士學位，是位物理學天才，一九五六年獲諾貝爾物理學獎，還獲利布曼獎、凝聚態物理最高獎巴克利獎、康斯托克獎、霍利獎章。一九四五年開始，肖克利帶領貝爾實驗室的固體物理學研究小組發明了點接觸電晶體，提出了結型電晶體理論，這些開創性的工作都為積體電路的發展奠定了基礎。不過，肖克利的天賦主要在物理學方面，在管理上似乎並不在行。

一九五五年，肖克利在加州創立肖克利實驗室股份有限公司後，先後招聘了諾伊斯等年輕人才，但是這些人才很快發現無法認同肖克利的商業策略。在自己創辦公司後，肖克利仍然延續其在貝爾實驗室的「基礎研究」做法，並沒有明確初創公司的營運策略、盈利目標，也沒有將開發成果轉化為符合市場需求的產品並帶來收益。儘管投資人對於這位科學巨匠的做法似乎並不在意，但是肖克利招募來的年輕天才們卻不認同，大部分員工準備離開。

從基礎科學的突破到高端技術的研發，有著很大的差別，需要準確的理解和認知，肖克利更側重於前者，而年輕人則更側重於後者。除了不認同肖克利的商業策略外，這些年輕天才無法忍受肖克利的家長制作風。摩爾曾經回憶說：「當實驗室裡出現一件小事故後，肖克利會要求我們用測謊儀來測試誰說了謊，誰又是無辜的。」

更為重要的是，肖克利實驗室的一些年輕人提議做積體電路，但都遭到了肖克利博士的拒絕。回過頭看，這些抱著積體電路「夢想還是要有的，萬一實現了呢」的天才們，離開肖克利實驗室也成了必然的選擇。何況他們在離開肖克利不久，就創造了世界上第一塊積體電路產品。

八位天才，寫下仙童傳奇

在這些離開的員工中，有八位年輕的天才在肖克利的公司工作了一年半左右的時間，辭職後被肖克利大罵為「叛逆八人幫」（the traitorous eight）。請記住「叛逆八人幫」的名字，因為他們將改變後來的積體電路發展歷史：諾伊斯、摩爾、朱利斯．布蘭克（Julius Blank）、尤金．克萊納（Eugene Kleiner）、瓊．霍尼（Jean Hoerni）、傑伊．拉斯特（Jay Last）、謝爾登．羅伯茨（Sheldon Roberts）和維克托．格里尼克（Victor Grinich）。

這八人中，當時最為年長的諾伊斯只有三十歲，肖克利用「叛逆」一詞來形容他或許並不為過，這從他的成長便可看出。諾伊斯在十二歲的時候，受《知識圖書》（*Book of Knowledge*）的啟發，便和哥哥自製了滑翔機，並讓七歲的弟弟爬上去體驗飛翔，結果是弟弟摔得很慘。中學時，諾伊斯把家中舊洗衣機的電機拆下來，安裝在自行車上變成了機動車。諾伊斯在格林納爾學院學習時，有一次舉辦南太平洋風味的同學宴會，但是宴會還缺一隻烤全豬。同學們阮囊羞澀，諾伊斯和另一同學被「委以重任」——弄一隻豬回來。後來諾伊斯和同伴在喝了幾杯酒後成功「得手」，從附近的農場偷來一隻二十五磅小豬，回去時受到了「英雄」般的歡迎。

第二天早晨，他和同伴羞愧不安，便回到農場道歉並付錢，這時他們才發現農場是格林納爾市長家的。在以農業為主的愛荷華州，偷盜農畜的最低懲罰是一年監獄加一千美元罰款。為了留住這位天才學生，學院出面和市長周旋，最後諾伊斯賠償了市長小豬的錢款，只被停學一學期。回到格林納爾後，諾伊斯「痛改前非」努力學習，拿到了物理學和數學的雙學士學位，畢業時被同學們授以「付出最少努力而得到最高分數」獎章。後來他又在二十二歲時進入了麻省理工學院，並於一九五三年獲得物理學博士學位。在英特爾功成名就後，諾伊斯說：「我從來沒有野心要做一個工業家，我的家庭是牧師世家，我只是做對我來說最有趣的事情。」

識格局方能謀戰略，觀大勢方能抓時機。從科學成果的轉化，到產品的創新發展，需要點的突破與系統能力同步提升。顯然，肖克利並沒有意識到積體電路發展的巨大潛力。肖克利博士原以為，在人情倫理似乎比企業規章制度更為重要的二十世紀五〇年代，「叛逆八人幫」離職後會遭到業界的唾棄。

結果正好相反，有人認為肖克利所賞識的人才必定有非同尋常的能力，這也成為這八個人命運的轉捩點。事實上，肖克利後來也改口把他們稱為「八個叛逆的天才」。

離開肖克利後的一九五七年十月，八位天才得到了仙童攝影器材公司三千六百美元創業基金的資助，成立了仙童半導體公司（Fairchild Semiconductors，該公司的正式中文名稱為「快捷半導體」，不過「仙童」的俗稱較廣為人知），開發和生產商用半導體器件。對於正值半導體產業「西部拓荒時期」的矽谷地區來說，將這八位天才稱為「仙童」恰如其分：當時矽谷還只有肖克利實驗室和仙童半導體兩家公司，這「八位仙童」毫無疑問地成為了矽谷的開拓者。

當時諾伊斯雖然年輕，但是已經頗具管理才能，出任了總經理，帶領團隊在矽谷的山景城（Mountain View）查爾斯頓路上租下的兩層樓倉庫中努力堅持做肖克利反對的「雙擴散基型電晶體」計畫：霍尼和摩爾負責新擴散工藝的開發，而諾伊斯和拉斯特則主攻平面處理技術。好就好在，不久後仙童攝影器材公司又給了他們一百五十萬美元的投資，而仙童半導體的技術也在資金投入後逐漸研發成熟。

在創辦三個月後的一九五八年初，仙童半導體獲得了第一份訂單：當時的資訊產業巨頭ＩＢＭ向他們訂購一百個用於記憶體的矽電晶體。以此為起點，仙童半導體公司快速成長，到一九五八年末約有一百名員工、五十萬美元的銷售額，而其所在的查爾斯頓路也成為矽谷發展的起點。

在霍尼的帶領下，仙童半導體的工藝技術團隊努力投入研發，將矽表面的氧化層做成絕緣薄膜，並形成了集擴散、光罩、照相和光刻於一體的平面處理技術，使矽電晶體的批量生產成為了可能。二十世紀六〇年代中期，仙童半導體實現了積體電路的生產，公司盈利能力急速增長，輝煌之路由此開始，但投資局限也在此刻埋下了伏筆。

在看到仙童半導體的盈利能力後，早期大量注資的仙童攝影器材公司先是全資收走了「八位仙童」的股權，又將仙童半導體的利潤投資到其他業務上。但是在「八位仙童」看來，這些資金應該繼續投入到半導體領域。由此產生的歧見也成為「八位仙童」再次辭職的主要原因。

後來，仙童攝影器材公司對仙童半導體的管理插手越來越多，甚至要找人替代諾伊斯的執行長位子，成了員工離職的導火線。仙童攝影器材公司從摩托羅拉半導體事業部挖來了萊斯特·霍根（Lester Hogan），而霍根則從摩托羅拉帶來了手下的「八大金剛」。這一決定的結果就是，趕走了更多的仙童老員工。

英特爾誕生了，矽谷熱起來了

一九六八年，諾伊斯和摩爾創辦英特爾。在此之前的一九六一年，羅伯茨、拉斯特和霍尼離開仙童創辦了泰瑞達（Teradyne）的子公司阿梅爾科（Amelco）半導體。在仙童成立時負責融資的克萊納則於一九七二年成立了著名的創業投資公司凱鵬華盈（Kleiner Perkins Caufeld Byers），而布蘭克後來也從事半導體投資。八人中唯一沒有從商的是格里尼克，他在離開後到加州大學柏克萊分校任教，並於一九七五年出版了《積體電路概論》一書。

此外，矽谷的不少半導體企業均由早期在仙童半導體的其他員工創辦，仙童半導體成為了名副其實的半導體產業「黃埔軍校」。正如賈伯斯的比喻，「仙童半導體公司就像個成熟了的蒲公英，你一吹它，這種創業精神的種子就隨風四處飄揚了。」

二十世紀八〇年代出版的暢銷書《矽谷熱》（*Silicon Valley Fever*）寫道：「矽谷有大約七十家半導體公司，有半數是仙童公司的直接或間接後裔。在仙童公司任職是進入遍布於矽谷各地的半導體業的途徑。一九六九年在森尼維爾舉行的一次半導體工程師大會上，四百位與會者中，未曾在仙童公司工作過的還不到二十四人。」可以說，以「八位仙童」為代表，早期的仙童半導體做的是開創性的、改變世界的發明。

隨著靈魂人物的離去，仙童半導體的沒落只是時間問題。一九七四年，無力回天的霍根，將仙童半導體的執行長位子交予威爾弗·科雷根（Wilfred Corrigan），此後仙童半導體的產業地位在三年內從第二滑至第六。二十世紀七〇年代末，仙童半導體終於難以為繼，科雷根發現仙童半導體的最好出路就是將其出售。一九七九年，法國石油業者斯倫貝謝公司（Schlumberger）以四．二五億美元併購仙童半導體，此後仙童半導體於二十世紀八〇年代進軍人工智慧領域，但是未能成功。

一九八七年，斯倫貝謝將仙童半導體以原價約三分之一出售給國民半導體公司（National Semiconductors），而國民半導體的總裁兼執行長正是仙童半導體公司原副總裁查理斯·斯波克（Charles Sporck）。一九九七年，國民半導體公司又在與英特爾和AMD的競爭中，經營艱難，只好以五·五億美元的價格將仙童半導體公司出售給創投公司，此次接手的公司執行長也是仙童的老員工克爾克·龐德（Kirk Pond）。此後的一九九七年到一九九九年間仙童半導體曾展開了大規模的併購，並於一九九八年在紐約證券交易所（代號為FCS）上市。其後，仙童半導體在換帥與併購中維持著經營，但是再也不是原來的「黃埔軍校」了。

肖克利與「八位仙童」的認知差別，並不是年長者與年輕人之間簡單的激情差異，從根本上看是他們對於科學、技術、工程三者之間的關係上有著不同的認知：肖克利更看重科學和技術，而「八位仙童」則更注重技術和工程應用，這也注定了只有「八位仙童」才能開創仙童半導體的黃金時代。然而，高科技、高風險、高投入的積體電路的發展，並不僅僅是科學、技術和工程的結晶，更是科技、市場與投資相結合的產物，這是諾伊斯和摩爾不得不離開仙童半導體，自我開創屬於英特爾時代的根本動因。由此可見，積體電路的發展注定離不開協同發展的「基因」，小至個人、大至國家，投身積體電路發展，認清產業規律是基礎，準確把握科技、投資和市場間的關係，以及科學、技術和工程間的關係是根本。

2 第一塊積體電路的誕生

歷史經驗表明，積體電路產業的每次反覆運算，總是能夠深刻改變人們的生活和產業的格局。電腦技術發展以來尤其是互聯網發展以來，人們的各方面生活已無時無刻離不開晶片，積體電路產業的偉大成就為我們的便利奠定了重要基礎。今天，要了解紛繁複雜的積體電路，需回頭看看當初積體電路是如何發明出來的，又是遵循什麼樣的軌跡演變的。

一小塊矽片，就是一個完整電路

二十世紀四〇年代的第二次世界大戰中，美國陸軍部在新型火炮研發中設立了「亞伯丁彈道研究實驗室」，複雜的計算要求使美國軍方對高速計算有了龐大的需求。一九四二年，賓州大學莫爾學院的約翰·莫奇利（John W. Mauchly）教授建議以電子管為基本元件製造電腦，獲得美國陸軍部的認同。次年，莫奇利與二十四歲的研究生埃克脫（J. Presper Eckert）組織團隊開始研製電子數位積分電腦（Electronic Numerical Integrator and Computer，簡稱 ENIAC）。研究進行三年後，世界上第一台電子數位積分式電腦——「埃尼克」（ＥＮＩＡＣ）問世，電腦時代的到來，為積體電路的發展需求埋下了種子。

莫奇利所使用的電子管，其源頭可以追溯到愛迪生的發明。一八八三年，美國發明家愛迪生發明炭絲電燈後，發現燈絲老是在正極燒斷。於是，愛迪生便在燈泡中加入小金屬板並連接到電表，施加正電壓和負電壓以觀察電流。由此，愛迪生通過實驗得出「在燈絲與金屬片之間的真空間隙內有電流流過，而且電流具有單向流動特性」的結論。炭絲加熱後，載流子能從炭絲裡發射出來，這些載流子可能是電子或者離子，因而在燈絲與金屬板間形成電流。根據金屬加熱時自由電子容易產生游離的現象，愛迪生認為可以製成電流計、電壓計等電器，並由此申請了專利，命名為「愛迪生效應」。

一八八九年，英國物理學家約瑟夫．約翰．湯姆生（Joseph John Thomson）進一步解釋了「愛迪生效應」：灼熱的燈絲會發射一種帶負電荷的粒子，它們穿過燈絲與金屬片之間的真空間隙，被金屬片所蒐集，這就是愛迪生在實驗中測量出的電流。一八九七年，湯姆生測出了這種帶負電的粒子的荷質比，用實驗證明了電子的存在。

一九〇四年，英國電機工程師、物理學家安布羅斯．弗萊明（J. Ambrose Fleming）根據「愛迪生效應」揭示的電子單向流動特性，發明了裝有燈絲和板極的真空二極管。在弗萊明提出的專利中，這種二極管被稱為振盪閥。兩年後，美國科學家德福里斯特・李（De Forest Lee）在弗萊明的真空二極管中引入了第三個電極（柵極），製造出了第一支真空三極管。

一九一二年，美國電話電報公司和通用電氣公司在德福里斯特的三極管基礎上研製出高真空管：「陰極」（Cathode，以K代表）代表陰性釋放電子流；「屏極」（Plate，以P代表）連接正電壓；「柵極」（Grid，以G代表）在陰極與屏極之間，通電壓可以控制電子流量。此後，電子器件不斷應用，再生式收音機（一九一二年）、超外差式收音機（一九一九年）、廣播電臺播音（一九二〇年）和超外差無線電收音機（一九二二年）相繼問世，遠端無線電通訊、無線電話、收音機、廣播、雷達、慣性導航、電視、有聲電影、高頻加熱爐及電腦等消費類電子問世。

莫奇利利用電子管製造電腦，源於第二次世界大戰的需求。然而，第二次世界大戰也證明了電子管重量大、耗能大、壽命短、製造工藝複雜、易出故障的局限。一九四六年貝爾實驗室的肖克利提議展開半導體研究，與沃特・布拉頓（Walter Brattain）、約翰・巴丁（John Bardeen）等組成團隊，選中矽、鍺半導體作為研究物件研發替代電子管的器件。次年，在肖克利的理論指導下，巴丁和布拉頓成功地製造出第一支電晶體。一九四八年，肖克利構思出可以利用平面工藝（如擴散、光罩等）進行大規模生產的結型電晶體。

同一年，貝爾實驗室的克勞德・艾爾伍德・香農（Claude Elwood Shannon）發表了著名的論文「通訊的數學理論」（*A Mathematical Theory of Communication*），奠定了現代資訊理論的基礎，香農定理成為指導後來通訊技術發展的基礎理論。在這些綜合因素的作用下，發明積體電路的曙光已現。一九五二年，英國雷達研究所科學家傑夫．達默（Geoffrey Dummer）首次提出積體電路的構想：「可以把電子線路中的分立元件，集中製作在一塊半導體矽片上，一小塊矽片就是一個完整電路。這樣一來，電子線路的體積就可大大縮小，可靠性大幅提升。」

在肖克利實驗室成立的時候，美國材料學家富勒和賴斯發明了半導體生產的擴散工藝，為積體電路的發明提供了工藝技術基礎。一九五七年，美國通用電氣公司開發出世界上第一款晶體晶片閘管（可控矽整流器）產品，此後便迎來了傑克．基爾比（Jack Kilby）與諾伊斯的天才發明。

積體電路的誕生地，如今是世界遺產

第二次世界大戰，是積體電路發明的重要起點，而在二十世紀六〇年代的美蘇爭霸過程中，國防市場是美國積體電路的主要市場。

其中，一九六二年，德州儀器為「民兵—I」型和「民兵—II」型飛彈制導引系統研製的二十二套積體電路，是其首次國防運用。次年，仙童半導體在一四二號計畫「平面控制設備」（Surface Controlled Devices）研製過程中，弗蘭克．萬拉斯（Frank M. Wanlass）和薩支唐．沙赫（Chihtang Sah）首次提出了互補式金屬氧化物半導體（Complementary Metal Oxide Semiconductor，簡稱CMOS）技術，並在固態電路大會上確定了CMOS特徵——「靜態電源功率密度低，工作電源功率密度高，能夠形成高密度的場效應真空三極管邏輯電路」。

如今，全球絕大部分的積體電路都是基於CMOS工藝開發的，但是萬拉斯當年在為CMOS申請專利後沒幾天便離開了仙童半導體，原因是仙童半導體宣布沒有確切實驗數據前不會採用CMOS技術。此後，美國無線電公司（Radio Corporation of America，簡稱RCA）於一九六八年由亞伯・梅德溫（Albert Medwin）研發團隊成功開發了CMOS積體電路。此時，摩爾已經提出了摩爾定律，而貝爾實驗室則已使用比較完善的矽外延平面工藝製造了大型積體電路。在這個歷程中，肖克利實驗室的失敗與仙童半導體的成功，與兩者對技術的認知不同有關。「電晶體之父」肖克利為積體電路技術的發展奠定了基礎電子元件的基石，但是在肖克利實驗室的開發中，電子元件是相互獨立存在的，無法實現大規模的生產。仙童半導體在摸索中找到了辦法，霍尼帶領團隊將氧化物的平面保留在矽的頂部，實現了電晶體的大規模生產。

一開始，諾伊斯將其稱為「單片電路構想」。一九五九年一月二十三日，諾伊斯在日記中寫下了靈感：「把多種組件放在單一矽片上將能夠實現工藝流程中的組件內部連接，這樣體積和重量就會減小，價格也會降低。」在認真審視霍尼的平面技術後，諾伊斯認為該技術可以把電晶體不同區域精確地連接起來：只需要把細金屬絲布在氧化物上，使組件和導線合成一體，所有的電晶體內部連接就可以在一次生產中實現。這便是積體電路的雛形。

在諾伊斯的矽基積體電路生產工藝實現前，位於達拉斯的德州儀器公司在國防用小型電腦設備的研製需求下，已經由三十四歲的基爾比完成了人類歷史上第一塊積體電路樣品。兩者相比，基爾比在鍺晶片上研製積體電路，而諾伊斯則將眼光瞄準了矽基積體電路；基爾比採用堪比外科醫生的全手工工藝完成，而諾伊斯則實現了積體電路的工廠化流水線生產。

從商業的角度看，諾伊斯的技術更為實用。不過，基爾比率先以「微型電路」申請了專利，諾伊斯的策略則是「用平面處理技術製造的積體電路」申請專利，這也引發了德州儀器與仙童半導體之間曠日持久的專利權訴訟，直到一九六九年法院判決認為諾伊斯和基爾比均為積體電路的發明人，二人所申請的專利均有效：積體電路的發明專利授予了基爾比，關鍵的內部連接技術專利則授予了諾伊斯。

在此之前的一九六六年，諾伊斯和基爾比同時被佛蘭克林學會授予了巴蘭丁獎章，基爾比被譽為「第一塊積體電路的發明家」，而諾伊斯則被認定「提出了適合於工業生產的積體電路理論」。二〇〇〇年，基爾比因發明積體電路而獲諾貝爾物理學獎，諾貝爾獎評審委員會對其評價是「為現代資訊科技奠定了基礎」。可惜的是，諾伊斯去世太早，與諾貝爾物理學獎擦肩而過。但是，諾伊斯發明積體電路的地點，後來被加州政府列入了歷史遺產。

如今，人們對積體電路、半導體、晶片這幾個詞已耳熟能詳。從概念上看，半導體是指導電性能介於導體與絕緣體之間的材料，積體電路是利用半導體材料製成的規模化電路集合，而晶片則是由積體電路形成的產品。今天，晶片的運用已經無處不在，深刻改變著我們的生活和工作。

跟不上「摩爾定律」，就等著出局了……

今天人們說到積體電路，自然而然地會想到摩爾定律。

一九六四年，「八位仙童」之一的摩爾博士時任仙童半導體公司的研發主管，他受《電子學》雜誌的邀請，為他們一九六五年四月刊撰寫探討未來積體電路發展的文章。在這篇三頁紙的短文中，摩爾探討了半導體產業中電晶體小型化的趨勢，並對積體電路上電晶體數量的增長做預測，認為能被集成的電晶體數量將按幾何級數快速增長，至少十年內每年都能翻一番。一九七五年，摩爾根據產業的發展，把預測改為每兩年翻一番。後來，產業又將該定律修正為「電晶體集成度將會每十八個月增加一倍」。

加州理工學院教授卡弗．米德（Carver Mead）把該定律命名為摩爾定律，摩爾定律為後來積體電路的發展所證實，受到產業的廣泛認同，成為驅動資訊科技產業發展的「第一定律」。微處理器性能、記憶體容量、感測器甚至是相機畫素都沿著摩爾定律指出的路徑在發展，而摩爾在《電子學》雜誌中的預測逐步成為了事實：「積體電路會帶來一系列的奇蹟——家用電腦（或者是連接到中央電腦的終端）、汽車自動控制系統，以及可攜的通訊設備。」

摩爾定律並不是自然規律，而是以微電子學為基礎，集自然科學、新科技、經濟學、社會學等為一體的推測，滿足了人們對計算、存取的渴望與需求。儘管不少人試圖通過各種方法來「計算」出摩爾定律的極限，但每一次摩爾定律的極限都被新科技、新工藝打破，而尋找並突破摩爾定律極限的過程，也成就了半導體發展的過程。縱觀半導體技術的發展歷程可以發現，摩爾定律引導了半導體產業的發展，使之向更有序、更有計劃的方向前進，成為半導體領域裡不可替代的第一定律，並在很大程度上帶動了其他產業的發展。

在摩爾定律的影響下，如果資訊科技企業今天和十八個月前賣掉同樣的數量、同樣的產品，它的營業額就要降一半，這被業界稱為反摩爾定律。反摩爾定律逼著所有的硬體設備公司必須趕上摩爾定律規定的更新速度，促成科技領域質的進步，並為新興公司提供生存和發展的可能。反摩爾定律意謂著資訊科技企業不可能像傳統產業那樣只追求量變——僅僅只有量變上的累積，無法趕上摩爾定律預測的發展速度，創新潛力會被耗盡，而革命性的創造發明則是進步的根本動力。

任何一個技術發展趕不上摩爾定律要求的公司，都將會被淘汰，對於大企業而言也不例外。因此，大企業除保持很高的研發投入外，還需密切關注新興技術的發展，經常併購可能帶來有革命性新科技的中小企業，創業投資機制由此興起，以「矽谷」為代表的高科技產業聚集區也由此成長。

安迪給什麼，比爾拿走什麼

根據摩爾定律，資訊科技產品的硬體十八個月後的性能將會提升一倍，但是作業系統等軟體功能卻越做越多、越做越大、越做越慢，消耗了硬體提升帶來的運行效率。因此，每一次作業系統的升級，都會帶來硬體銷售的更新潮，形成「軟體——硬體」升級的生態鏈：在電腦領域，前者以比爾．蓋茨創立的微軟為代表，後者以安迪．葛洛夫（Andy Grove）曾任執行長的英特爾為代表，因而便有了「安迪——比爾定律」（Andy and Bill's Law）。「安迪給什麼，比爾拿走什麼（What Andy gives, Bill takes away）」的安迪——比爾定律，被用於描述了硬體廠商和軟體廠商之間的關係。兩者形成了協同共贏的生態。

摩爾定律的意義，甚至已經超越了積體電路和資訊科技。從技術角度看，以當前快速發展的生物技術為例，不少人也以「類摩爾定律」作對比：人類基因組測序的成本已從十年前的約一千萬美元降至當前的約一千美元，單個基因的合成成本也已從二十一世紀初的約一美元下降至當前的二至五美分。基因組測序和基因合成的成本都在以超過摩爾定律的速度下降。VLSI Research 公司曾說：「摩爾定律最神奇之處並不是它帶來了 iPhone。在最近的二十年裡，每開發出一種新藥都需要電腦來對分子進行模擬。如果沒有計算技術的幫助，我們絕無可能合成這麼多藥物，DNA分析、基因組學也都不會存在——你根本就沒法做基因檢測。這一切歸根結柢都是電晶體的功勞。」

從產業的角度看，受摩爾定律的驅動，產業活動中「研發——生產——供給——銷售」等各環節產生的各類資訊的蒐集、處理、傳輸、存取等難題已不復存在，極大地提高了物質生產和能源利用的效率。對於宏觀經濟而言，其所帶來的影響就是，傳統的製造業和農業被施以資訊化改造，服務業比重持續上升，橫跨眾多部門的資訊產業成為國民經濟最重要的部門。對於微觀經濟而言，資訊科技的發展推動了組織結構扁平化、網路化、虛擬化，活躍在資訊產業等高科技產業的中小企業獲得充足的發展空間，企業所處的價值鏈、創新鏈均被重構。

可以說，摩爾定律已成為後來的積體電路和相關產業發展的激勵信條，而沿著摩爾定律布局的英特爾公司，也成為了產業的領跑者。摩爾在八十六歲接受採訪時說：「一開始我只是想記錄一下積體電路的發展歷史，沒想到它漸漸受到業內各大公司認可，每個公司都得想辦法達到這樣的速度，落後就要挨打。」加州大學柏克萊分校教授胡正明則指出：「公司為了掌握更高的市場份額、擊敗競爭對手，必須拚命把產品性能翻一番甚至翻兩番，這些都是可以理解的，也正是他們的努力使得電子產業取得了如此高速的發展。然而，沒有哪一種指數增長是可以一直延續下去的。而那可能是個更好的結果——與其燦爛無比又一閃而逝，穩定而緩慢的增長顯然是更好的。」

由此可見，從積體電路被發明之日開始，技術創新就已經注定成為這個產業的立企之本、競爭之根、發展之源。

3 發了！矽谷創業投資的開端

歷史的先行者，從來都是在直面問題中獲得機遇。破除制約的機制，激發人才的鬥志，是矽谷得以發展的根本原因。

我本來以為這輩子只能上班賺死薪水，沒想到……

「八位仙童」離開肖克利實驗室前，克萊納給海頓斯通（Hayden Stone）投資銀行寫信，詢問海頓斯通是否能給他們八人幫助，甚至派人到他們生產電晶體的企業工作。海頓斯通投資銀行的收信人是克萊納父親的帳戶管理人，但是他已經辭職，所以這封信就在海頓斯通各個辦公室流傳，但是大部分的人都對其不以為然：因為他們很多人對半導體產業並不熟悉，而這八個年輕的工程師又毫無創業經驗。此時，海頓斯通投資銀行年輕的三十一歲分析師亞瑟·洛克（Arthur Rock）敏銳地捕捉到了其中的機遇，便有意聯繫這八個人。洛克認真分析後，認為這八個人最好的出路是一起創業開發半導體零組件，但是「當時根本沒有辦法成立公司，沒錢，沒有創業投資的機制，更不用說機構了，上哪兒去找創投公司」。洛克很快說服了他的老闆阿爾弗雷德·科伊爾（Alfred Coyle），一同飛到西海岸會見「八位仙童」，並被他們的電子工業革命夢想所打動。洛克和科伊爾決定利用他們的能力，為這八人籌集一百五十萬美元的資金。洛克列出了美國東部地區的三十五家大企業名單，但是這三十五家大企業都拒絕了，其背景是當時的創業投資並沒有成形，大企業認為這類投資會干擾他們的正常經營。

就在幾乎絕望的時候，洛克遇見了仙童攝影器材公司的費爾柴爾德。費爾柴爾德的父親曾資助湯姆·華森（Thomas Waston）創辦IBM，而他作為繼承人是IBM的大股東，再加上第二次世界大戰中因為銷售飛機照相器材的設備獲得了豐厚的利潤，費爾柴爾德很快就明確了投資意向。

當時，克萊納和他的同伴還對投資一無所知，洛克和科伊爾為他們制定了方案：仙童半導體公司設一千三百二十五股，克萊納和他的同伴每人持一百股，海頓斯通持兩百二十五股，其餘三百股留給日後的管理層；十八個月內（即便是在虧損的情況下）向仙童半導體注資一百三十八萬美元；如果公司連續三年淨利超過三十萬美元，仙童攝影器材公司有權以三百萬美元收回投資。

這便是矽谷創業投資的開端，而洛克與科伊爾則成為了矽谷最早的創業投資者，事實上洛克也是「創業投資」一詞的發明人。後來的發展證明，仙童半導體成立六個月後就有盈利，諾伊斯後來曾感慨地說：「像我這樣的人本以為這輩子只是上班賺工資的命，突然間，我們竟然得到了一家新創公司的股份。」

後來，在仙童半導體開始人才流失時，創業投資的機制已經日漸成熟。羅伯茨、拉斯特和霍尼離開仙童創辦阿梅爾科公司時，同樣得到了洛克的創業投資資助。諾伊斯和摩爾成立英特爾時，洛克同樣在創業投資中發揮了至關重要的作用。洛克很早就認識到，對於高科技創新企業來說，股票期權是有效的激勵方式，而他也開啟了科技與資本結合的新模式——創業投資。

一九六一年，洛克隻身來到舊金山，與哈佛法律系畢業生、當時的地產商湯瑪斯·戴維斯（Thomas Davis）共同創辦了矽谷第一家創業投資公司戴維斯&洛克（Davis & Rock）。戴維斯&洛克募集了八千五百萬美元，這些資金大部分來自於東海岸。洛克說：「加州人有創業精神，但錢在東部，所以我決定把東部的錢投到加州來，支援新興的高科技企業。」後來，洛克和戴維斯鬧翻，戴維斯&洛克於一九六八年解散。洛克創辦了自己的創業投資公司，隨後成功投資了英特爾和蘋果。

在洛克眼裡，創業投資是一門藝術。他說道：「我投資的那些企業的創始人，全世界加起來也許只有一百來個，我有幸認識其中十個。這就是運氣。」「賈伯斯是國家寶藏。他非常有遠見，也很聰明。然而，我們必須解雇他。」這就是「創業投資之父」的獨到見解。

二十世紀六〇年代末，矽谷的創業投資界已有二十餘人，他們經常組織聚會、交流心得，而他們的很多做法後來成為創業投資界沿用的基本做法。在史丹佛大學的技術轉移催化下，在資訊科技產業的蓬勃發展中，創業投資得到了迅速發展，其中凱鵬華盈、紅杉資本這兩家著名的創業投資公司便是在一九七二年的仙童校友會上成立的。創業投資的快速發展，進一步加速了積體電路和資訊科技產業的發展，矽谷的高科技公司群由此形成。

為了生存，全公司都得處於偏執狀態

矽谷的創業投資機制，今天已經為全世界所知，然而成就矽谷的並不僅僅是天才科學家的發明和活躍的創業投資，還包括矽谷企業的經營管理。

一九六三年，一位匈牙利難民進入了仙童半導體，他便是後來被譽為「矽谷精神象徵」的葛洛夫。葛洛夫出生於一九三六年，童年時在第二次世界大戰的苦難中度過，一九五七年移居到美國。憑著頑強的毅力，一開始英語很不流利的葛洛夫，一九六〇年在紐約市立學院獲得化學工程學士學位，最終於一九六三年在加州大學柏克萊分校獲得化學工程博士學位。葛洛夫的大學老師說：「他對知識的渴求，就如同嬰兒對食物的饑渴感一樣強烈。」在仙童半導體的四年時間裡，葛洛夫成為了積體電路領域的專家，已是研發副主管，而且他還寫了一本大學教材，《物理學與半導體器件技術》（*Physics and technology of semiconductor devices*）。

嚴謹的克制，時時彰顯進步。諾伊斯和摩爾創辦英特爾的第一天，葛洛夫成為了英特爾的第三名員工，起初擔任工程總監，後來分別擔任英特爾首席營運長、總裁、執行長和董事長，引領英特爾進入了輝煌時期，而其管理才能也得到了淋漓盡致的展現，被《時代》雜誌評為一九九七年度風雲人物。

可以說，摩爾提出了「摩爾定律」，葛洛夫則以其實踐證實了摩爾定律，兩者的結合就是正確的戰略方向、超強的執行力的完美融合。在摩爾定律週期內，誰取得了晶片製造技術的領先優勢，誰就贏得了市場。葛洛夫與諾伊斯、摩爾的合作，使英特爾在全球中央處理器（CPU）晶片市場上始終保持著性能和成本的競爭優勢。

後來的管理學經典之作《十倍速時代》（*Only the Paranoid Survive*），是葛洛夫經營理念的完美總結，其核心在於居安思危：「我篤信『唯偏執狂能存活』這句話，初出此言是在何時我已記不清了，但如今事實仍是：只要涉及企業管理，我就相信偏執萬歲。企業的繁榮中孕育著自我毀滅的種子，你越是成功就越容易遭到對手的攻擊，他們一塊塊地吞食你的生意，最後可能一無所有。我認為，作為一名管理者，最重要的職責就是常常提防他人的襲擊，並把這種防範意識傳播給手下的工作人員。在我職業生涯中，我不惜冒偏執之名而整天疑慮的事情有很多。我擔心產品會出岔，也擔心在時機未成熟的時候就介紹產品。我怕工廠運轉不靈，也怕工廠數目太多。我擔心用人的正確與否，也擔心員工的士氣低落。當然，我還擔心競爭對手。我擔心有人正在算計如何比我們做得更多快好省，從而把我們的客戶搶走，為了自己的生存，公司所有人員都必須一直處在偏執狀態，穿越戰略轉捩點為我們設下的死亡之谷，是一個企業必須經歷的最大磨難。」

葛洛夫的雷厲風行和果斷決策，與英特爾兩位創始人諾伊斯的民主做法、摩爾的溫和性格形成了鮮明對比。

「見之於未萌、治之於未亂」。機遇往往與風險挑戰相伴並存，如履薄冰的清醒、居安思危的冷靜正是成就葛洛夫和英特爾的根本特質，而這背後又有著曲折前進的不易、螺旋上升的艱辛。二十世紀七〇年代，摩托羅拉還是晶片界的巨頭，葛洛夫憑藉其「偏執」的管理天賦，帶領團隊於一九七九年從其手中搶下了包括ＩＢＭ在內的兩千五百家客戶。葛洛夫的原計劃是，一年內從摩托羅拉手中搶到兩千家新客戶，結果超出了他的預期。

二十世紀八〇年代，美國在面對日本的處理器晶片低價競爭中遭遇了困境，英特爾也由此陷入了成立以來最大的危機，業界都在懷疑英特爾能否生存下去。當時，作為「處理器晶片」同義詞的英特爾，已經到了稍不留神便將步入懸崖的地步。對此，英特爾管理團隊展開了激烈的爭論，眾說紛紜，無法達成共識。

一九八五年，就在英特爾管理層普遍感到悲觀和不知所措的關鍵時刻，葛洛夫與時任董事長兼執行長的摩爾討論：「如果我們下了台，另選一名新總裁，你認為他會採取什麼行動？」摩爾猶豫了片刻後答道：「會結束處理器晶片的生意。」葛洛夫盯著摩爾說：「你我為什麼不走出這扇門，自己結束這門生意？」

在葛洛夫的努力下，英特爾果斷放棄了當時的處理器晶片，將主營業務轉向了微處理器。微處理器由英特爾於一九七一年發明，初期產品主要用於電子計算器、印表機和工業自動化等細分的領域。二十世紀八〇年代初，ＩＢＭ選擇英特爾的微處理器作為其個人電腦的核心晶片時，微處理器的需求量已經快速上升。

在決定轉型後的一九八六年，英特爾解雇了八千名員工，虧損超過一．八億美元。這次轉型被葛洛夫稱為「戰略轉捩點」：「戰略轉捩點就是企業的根基即將發生變化的那一時刻。這個變化可能意謂著企業有機會上升到新的高度，但它也同樣有可能標誌著沒落的開端。」

在「戰略轉捩點」，葛洛夫力排眾議、頂住層層壓力，努力把英特爾往正確的方向引導。「歡迎來到新的英特爾！」是他在一次公司內部會議上的開場白。其間，「唯偏執狂能存活」是葛洛夫發自內心的體會。這次轉型後，英特爾贏得了屬於未來的微處理器，自稱為「微型電腦公司」，而「Intel inside」（內有英特爾）則成為後來微型電腦中耳熟能詳的廣告詞。一九九二年，英特爾成為世界上最大的半導體企業，而當年打敗英特爾的日本企業則被甩在了身後。一九八七年開始，葛洛夫接替摩爾出任執行長，一九八七～一九九七年，英特爾公司每年返還給投資者的回報率平均達四十四％。

讓電腦做更多事，創造更多使用者

為了使英特爾立於不敗之地，葛洛夫將英特爾從配件供應商打造成為電腦世界的領袖：「如果電腦不能用來做更多的事，以後幾年我們生產的晶片將無人問津。因此，我們得自己『創造』使用者來使用我們的微處理器。依靠我們的辛勤努力、投資及不斷調整經營策略，我們能促成市場需求的增長，這樣我們才能賺錢。這一點已銘刻在我們每一個人的心靈深處。」

對此，曾與英特爾的管理層共事多年的雷吉斯・麥金納（Regis Mckenna）曾評價說：「過去的英特爾是相當保守的，而如今它似乎更願意充當前端領袖的角色，因為葛洛夫意識到英特爾有能力創造自己的市場。他也許是世界上最傑出的經營者了。作為一名經營者，他創造了諾伊斯和摩爾過去作為創建者曾創造過的奇蹟。」

在實現這一戰略目標的過程中，英特爾與微軟共同打造了「Wintel」（Windows + Intel）的體系，在個人電腦時代，成為創新驅動發展的最根本動力。在這個體系中，微軟的作業系統等應用軟體越做越大、越來越慢，如果不更新電腦，可能很多新軟體就無法運用，這也意謂著每次新的作業系統發布，都將帶來硬體廠商的新一輪利多，英特爾不斷研發出更加高速的處理器晶片。

一九九〇年前後，英特爾發現，微處理器速度的提高已經超過了其他電腦組件的速度提升，那時的電腦匯流排只能以遠遠慢於奔騰（Pentium）處理器晶片的設計指標速度運行。對此，英特爾的某部門曾計畫設計新型的外部設備互聯匯流排（ＰＣＩ），但當時葛洛夫認為英特爾不該插手：「想想我們會向前邁一步去設計製造電腦，這主意對我來說實在是太奇怪了。我們從哪兒開始著手設計匯流排呢？對，我記得當時曾與一位支持這種做法的董事發生過激烈爭執，不過最後他說服了我們。如果那時我們不自己幹，也許今天我們仍無法找到合適的匯流排。」

後來，ＰＣＩ匯流排成為個人電腦使用的標準匯流排。這個決定在次年獲得了巨大的成功，從此英特爾開始涉足電腦設計領域，從而推動了整個產業的競爭，後來英特爾進入主機板、網卡等領域。此外，葛洛夫還使英特爾成了創業投資公司，進入了系統集成、數位成像等領域，而這些決策讓其對手也不得不佩服。二十世紀九〇年代，作為英特爾少有的競爭對手ＡＭＤ的執行長傑里・桑德斯（Jerry Sanders）曾說：「英特爾所做的任何事情都刺激了對運算能力的市場需求，因而都是好事，整個產業被它推著向前走。」

霧中開車，當然要跟著前車的尾燈！

葛洛夫的果斷和執行力背後，是其專業的判斷和冷靜的決策。一九九四年，英特爾的奔騰處理器晶片出現嚴重缺陷，遭ＩＢＭ全線棄用。在英特爾上上下下的恐懼中，英特爾召回晶片重新設計，以約五億美元的成本挽回了聲譽。

這次危機只是葛洛夫帶領英特爾公司平安度過的多次危機的一個縮影。葛洛夫曾說：「在這個產業裡，我有一個規則——要想預見今後十年會發生什麼，就要回顧過去十年中發生的事情。」

如何才能準確地做到這些？葛洛夫以哈佛商學院教授麥可．波特（Michael E. Porter）的五力分析模型為基礎，重新分析並定義了產業競爭的六種影響力：現有競爭者的影響力、活力、能力；潛在競爭者的影響力、活力、能力；供應商的影響力、活力、能力；使用者的影響力、活力、能力；產品或服務的替代方式；協同者的力量。其中，協同者的力量是指與自身企業具有相互支援與互補關係的其他企業，這是葛洛夫在波特五力模型基礎上衍生出來的新力量。在「Wintel」體系中，英特爾與微軟的產品互相配合使用，得到最佳的使用效果；兩者的利益相互一致，彼此間產品相互支援，擁有共同的利益。然而，任何新技術、新方法或新科技的出現，都可能改變這種平衡共生關係，使其分道揚鑣。

在葛洛夫六力分析模型的背後，是葛洛夫的人生閱歷和其危機意識的寫照。作為猶太人，葛洛夫在匈牙利的童年是在納粹鐵蹄下度過的，居安思危的意識在葛洛夫的人生中遠超過其他同行——即便是在人才眾多的矽谷，擁有如此經歷者也少之又少。針對競爭危機的來源，通過協同努力來共建平衡生態，才能在急速變化的環境中立於不敗之地，找準未來的方向，攻克未知的難題，掌握領導的技藝。在葛洛夫看來，「在霧中駕駛時，跟著前車的尾燈燈光行路會容易很多」。

「尾燈」戰略的危險在於，一旦趕上並超過了前面的車，就沒有尾燈可以導航，失去了找到新方向的信心與能力。因此，做一名追隨者是沒有前途的。「早早行動的公司才是將來能夠影響工業結構、制定遊戲規則的公司，只有早早行動，才有希望爭取未來的勝利。」

這些因素的共同作用，使葛洛夫成為審視的思辨家，他在與同事溝通到關鍵處時，會俯身向前、別無他顧地凝視對方，因而向葛洛夫的彙報對於每一位下屬而言都需要精心準備。葛洛夫會問「這個問題對不對？」而他又會以其驚人的記憶力和專業能力，展開探討。但是，「偏執」的葛洛夫並不固執己見，事實證明他往往做出正確的決策。

有一次，英特爾的高層主管克雷格・金尼爾（Craig Kinnie）和鄧尼斯・卡特（Dennis Carter）一起來到葛洛夫的辦公室，向葛洛夫彙報技術選擇的準備工作。葛洛夫在複雜指令固定運算（CISC）晶片和精簡指令固定運算（RISC）晶片間猶豫不決。從技術上看，RISC晶片看上去很有優勢，而此前葛洛夫已在英特爾的宣傳中為RISC鼓勁。金尼爾和卡特開門見山地說道：「安迪，你不能這麼幹。」他們的理由是，放棄CISC選擇RISC，將斷送英特爾利潤最大的特許經營生意，得到的卻是一大堆的競爭對手——當時的英特爾，競爭對手有昇陽公司（Sun Microsystems）、哈里斯（Harris）、摩托羅拉、日本電氣（NEC）等。最後，金尼爾和卡特說服了葛洛夫。後來，葛洛夫回憶說：「我們差點就葬送了公司。我們的技術是產業的標準。這個特許經營業務價值超過百億美元。而我卻由於一個漂亮新產品的誘惑而忘記了市場，差點就把生意白白斷送掉。」

從這個案例也可以看到，積體電路產業的管理已經遠遠超出了技術管理的範疇。誠如葛洛夫所言，「（管理的）要點在於，當達到某種增長速度時，所有的人都會無法適應，因而大局便隨之陷入混亂。我認為，作為能夠判斷失敗臨界點的最高層管理者，自己最重要的作用是，要發現全面失敗即將開始時的那個最大增長速度。」而這，或許就是五力分析模型、六力分析模型不同維度視野分析的精髓。

4

英特爾與AMD，「禪」鬥50年

沒有準確的認知，就會被競爭對手牽著鼻子走，就會在跟跑中落伍。在時間的大浪淘沙中，晶片產業眾多的巨頭已經隕落，只有英特爾和超微半導體公司（Advanced Micro Devices，簡稱AMD）這對五十多年的競爭對手，依然活躍在全球處理器晶片舞臺的中央。風雨五十年，這對競爭對手就晶片的產業認知，已融入其基因。

大浪淘沙，CPU之戰

一九七一年，中央處理器（CPU）的開發，揭開了基於微處理器的微型電腦的開發序幕。在英特爾開發了微處理器Intel4004及其附屬配套晶片後，Mostek公司開發了首款晶片計算器MK6010，Pico電子（Pico Electronics）開發了晶片計算器G250，德州儀器則開發了TMS1802晶片計算器。當時，Intel4004的發明人特德．霍夫（Ted Hoff）已經看到了CPU的巨大發展前景：「我們將處於一場革命之中，它將持續五十至一百年。今天的年輕人正在成長起來，他們對電腦不再感到害怕，他們將把電腦的使用範圍進一步擴大。」不過，對於習慣於大型電腦的人來說，這種想法還是太超前，德州儀器錯失微處理器的開發先機便是例證。

一九七〇年，英特爾還只是僅有約一百名員工的初創企業，當時的德州儀器對於英特爾來說無疑是家「巨頭」。此前一年，一九六九年電腦終端公司（CTC）開發了「可程式設計終端單晶片中央處理器」——Datapoint2200，尋求晶片與之配套。

一九七〇年四月，德州儀器開始為電腦終端公司研發單晶片CPU，第二年設計完成後成為了TMC1795。電腦終端公司對其測試後，拒絕了該款晶片，德州儀器曾試圖將該晶片做小改進後賣給福特汽車等企業。然而，銷售未果後，德州儀器停止了市場努力，將重心轉向當時市場更火紅的計算器晶片。

一九七四年後，摩爾接替諾伊斯出任英特爾總裁，期間加大了CPU的戰略投入。一九八五年，葛洛夫說服摩爾放棄處理器晶片業務，全力投入CPU的研發，由此英特爾迎來了更為輝煌的起點。與英特爾相比，總部設於美國中部伊利諾州的摩托羅拉沒有微軟這個「同盟軍」，其競爭結果也就不言而喻。

表面上看，這只是摩托羅拉的戰略限制，但是如果從更高的層面看，可以發現這是當時的伊利諾州與矽谷競爭的戰略限制：矽谷地處資訊科技革命的前端，其企業文化、人才儲備、商業理念、管理方式、股權激勵、市場行銷等都合乎當時的資訊科技產業發展要求；以葛洛夫為代表的英特爾技術菁英管理層，與摩托羅拉這種「家族企業」管理層（當時的摩托羅拉已傳至創立者加爾文的第三代）相比，在戰略決策上具有明顯優勢。再加上，一九八五年後英特爾在面對日本企業競爭時，對於CPU的專注已經關乎企業的「生死存亡」，因而自然在與摩托羅拉的多元化競爭中更具凝聚力。

因此，英特爾的成功並非偶然，運氣一定不是關鍵因素。只有在理念破除了束縛創新的桎梏，解放和激發技術創新的驅動力的企業，才能在快速更迭的競爭中存活。

隨著移動通訊、影像處理等快速發展，又一批後來者迅速跟進，而AMD與英特爾在競爭中也已各有所長。

二〇一七年，英特爾與AMD這兩家矽谷歷史上最有名的競爭對手，走到一起合作開發「CPU＋GPU」移動平台處理器，耐人尋味。這個現象也驗證了「合久必分，分久必合」的古話。

● Intel 8008

英特爾的彎路，給了ＡＭＤ超車好機會

一九六九年，從仙童半導體離職的桑德斯創立了ＡＭＤ，此後ＡＭＤ已成為英特爾僅有的「風雨同程」的競爭者。美國齊格洛公司、國民半導體、摩托羅拉等均已在與英特爾的競爭中落敗，而日本早期以處理器晶片為主要業務的企業也終究沒有跟上英特爾的ＣＰＵ發展步伐。二〇〇二年四月二十七日，桑德斯卸任ＡＭＤ的執行長，此時他的老對手——諾伊斯、摩爾和葛洛夫都已經不在英特爾的管理一線了。

二〇〇六年七月，ＡＭＤ收購了當時著名的顯示晶片生產商ＡＴＩ公司（Array Technology Industry）。ＡＴＩ由何國源在加拿大創立，和輝達（ＮＶＩＤＩＡ）齊名。在當時的顯示晶片領域，何國源和黃仁勳這兩位華人創辦的公司是佼佼者。兩者曾經占獨立顯卡市場九十五％以上，其所展開的激烈市場競爭，加速了顯卡的發展。二〇〇六年，ＡＴＩ在與輝達的競爭中顯現出疲態：ＡＴＩ的產品只有顯卡；輝達還是一家出色的主機板晶片廠家，主機板與顯卡可以搭配應用，因而市場前景更加廣闊。這是ＡＭＤ收購ＡＴＩ的市場背景。

ＡＭＤ沒有做好充分準備的是，收購ＡＴＩ後陷入了為期三年的財務困境。在收購前，ＡＭＤ的現金流只有三十億美元，而全部併購費用已達五十四億美元，於是只好向摩根士丹利借款二十五億美元。再加上，ＡＭＤ產品線過長、與英特爾的價格戰耗費了大量資金，使得ＡＭＤ

連年虧損，執行長魯毅智（Hector Ruiz）也只好無奈卸任。反觀競爭對手，英特爾正在嚴格實施「鐘擺戰略」，啟動了歷史上最為頻繁的產品更新計畫，在二〇〇六年曾在一百五十天內創紀錄地推出了四十多款處理器。

對於AMD來說，好就好在英特爾於二〇〇〇年推出的奔騰四不盡如人意，其NetBurst微架構存在較大的局限。NetBurst的高頻、長流水線設計理念下，長流水線使得頻率提高，但是其代價就是效率的低下。英特爾的新產品性能提升十分有限，甚至有一定退步，最後英特爾於二〇〇七年停產了所有基於NetBurst微架構的CPU，也不對此繼續研發。與之對比，AMD於二〇〇三年推出的基於K8微架構的六十四位處理器速龍獲得了市場好評。英特爾在NetBurst上的彎路似乎給了AMD機會，而在併購ATI前的兩年也成為其在二十一世紀前十年中最輝煌的年份。

二〇〇八年，AMD仍陷於財務困境之時，有意出售其晶片晶圓廠。二〇〇九年，AMD決定分拆其晶片製造業務，成立格羅方德（Global Foundries），後者由AMD與阿布達比的金融機構ATIC共同持有股權。此後，已成為無晶圓廠設計公司的AMD走出財務困境，並再次對英特爾帶來挑戰，但是一時已經無法動搖英特爾的產業地位。二〇一二年，原任飛思卡爾半導體公司高級副總裁的蘇姿豐博士（Lisa Su）加入AMD，先後擔任首席營運長、高級副總裁兼全球業務總經理等職，並於二〇一四年任執行長。那一年，AMD的Kaveri APU已經推出，由晶圓代工廠格羅方德的二十八奈米SHP工藝製造。按照AMD的說法，Kaveri APU在CPU性能提升上最大幅度可達二十%，GPU則能達到五十%。

以「禪」之名，掀起一波晶片大戰

在AMD看來，加速處理器（Accelerated Processing Unit，簡稱APU）是結合CPU、GPU兩方面優點的產品：將CPU和獨立顯卡核心在同一晶片上實現，因而同時兼具高性能處理器、獨立顯卡的處理性能（遊戲、圖形處理等所需）。在收購ATI後，AMD就大力推廣「融合」（Fusion）的理念，並於二〇一一年推出首款AMD APU。Kaveri系列APU支援異構系統架構（Heterogeneous System Architecture, HAS）運算，並使用AMD的GCN顯卡架構（Graphics Core Next，一種消費類GPU設計方式，在遊戲領域廣受好評），因而性能上大幅提升。Kaveri系列在市場中獲得了成功。

經歷了十多年的CPU架構、GPU架構、製造工藝等方面的磨練後，二〇一七年AMD苦心研發的Zen（意指禪宗、禪的意思）架構到了豐收期，用於桌面的Ryzen晶片、用於筆電的Ryzen APU晶片、用於商業使用者的Ryzen Pro晶片等在性能、特性、耗能、價格等各方面都表現近乎完美。同時，AMD還與英特爾合作打造了整合Vega GPU圖形核心的歷史性產品Kaby Lake—G。二〇一八年四月，AMD發布的第二代Ryzen桌面處理器除採用格羅方德的十二奈米工藝

（相較十四奈米工藝有更低耗能、更高頻率）外，採用了Zen+架構。此前，AMD就公開稱，Zen架構是未來多年發展的基礎，未來將發展至第三代架構Zen3、「七奈米+」工藝（升級版的七奈米）。

在向七奈米工藝進軍的過程中，AMD設計的Vega20晶片交由台積電代工。此前，AMD的晶片大多選擇由其分拆出來的格羅方德代工，這一決定也可以側面說明台積電在七奈米工藝上相對於格羅方德的領先優勢。在向七奈米晶片進軍的過程中，AMD還準備了苦心研發多年的Zen微架構，而新架構是AMD直面英特爾這位「鄰居」和「對手」競爭的利器。面對AMD的競爭，二〇一八年上半年英特爾請來了AMD Zen微架構的原首席架構師吉姆·凱勒（Jim Keller）加盟，以負責系統級晶片（System on Chip，簡稱SoC。它是一個產品，一個有專用目標的積體電路，其中包含完整系統並有嵌入軟體的全部內容）工程開發及集成。

儘管凱勒於二〇一五年離開AMD加盟特斯拉，但是鑒於此前Zen架構已經大體成形，因此用「Zen之父」來形容凱勒或不為過。同時，英特爾宣布重新進入獨立顯卡市場，此時距離英特爾二〇一〇年因研發進度不如預期取消獨立顯卡計畫已有近八年。

5 光刻的藝術

光學微影與檢測技術是利用特定波長的可見或不可見光，針對目標物進行曝光、顯影與檢測的技術，是摩爾定律能夠延續、晶片的密集度與運算效能得以保障的關鍵技術之一。光學顯影，可以用於製造精細度類似微生物的超高密集電路。二〇〇一年前後，隨著半導體工藝的演進，微影技術遇到了瓶頸。此前，業界一直利用空氣為介質，採用的是「乾式」微影技術。「乾式」微影採用的光束波長為一百五十七奈米，已很難縮短。英特爾及其設備供應商阿斯麥（ASML）、尼康儘管已投資超過十億美元進行開發，對光源、顯影劑、光罩及蝕刻材料等進行多方位的研究，但是仍然沒有很好的解決辦法。後來，台積電前研發副總經理林本堅解決了這一難題。

不得了，我找到了134奈米波長的光波！

林本堅出生於越南，高三時獨自一人到台灣新竹中學求學，次年考上了台灣大學電機系，畢業後到美國俄亥俄州立大學求學。儘管性格溫和、待人和善，但是林本堅在技術上需要攻堅克難時，卻又能不落窠臼地突破重重障礙。這也符合《十倍速時代》的論斷。面對「乾式」微影的技術難題，林本堅審視了技術發展歷程，認為與其在一百五十七奈米上「撞牆」，不如退回到一百九十三奈米波長，將介質從空氣改為水（以水為透鏡，在晶圓與光源間注入純水，波長光束透過介質「水」後縮短成更短波長），使光束波長縮短至一百三十四奈米。林本堅的這一構想，從原理上看並不複雜：正如把筷子插入盛水的玻璃杯後，水裡的筷子看上去折彎了，一百九十三奈米波長的光束透過介質水，就能縮短至一百三十四奈米。

林本堅很小的時候就表現出對光學的興趣。十三歲時母親將一台老式相機送給他，他利用相機成像原理把它改成放大機。「我把父親的照片放上去，又弄一個玻璃片，畫了鬍子，兩張疊在一起，就合成出爸爸長鬍子的照片。」

一九七〇年至一九九二年，林本堅在ＩＢＭ工作，其間參與了一微米、〇．七五微米、〇．五微米光刻技術的研發，他說：「我們在ＩＢＭ做研究，一定要比世界早幾步。ＩＢＭ就是有這種『壞習慣』——凡事要領先。我自己也是這種個性，才會在ＩＢＭ待這麼久。」一九七五年，林本堅做出當時光刻技術最短波長的光線，他把它命名為「深紫外線（Deep Ultra-Violet，簡稱DUV）」，後來成為光刻顯影技術的主流。

一九八六年，林本堅還在ＩＢＭ時，就認定微影技術繼續發展就需要從乾式轉向浸潤式微影技術（Immersion Lightography）——只有這樣才能讓光束的波長更短，由此解析度更強，光刻電路更為精密，使摩爾定律得以延續。

二〇〇二年，林本堅在比利時舉行一場國際光電學會技術研討會上拋出了他的觀點。本來，林本堅受邀與會，只是想介紹一下浸潤原理。但是，林本堅演講完後，拋出「不得了，我找到了一百三十四奈米波長的光波」這段話，大家聽到一百三十四，全都睜大眼睛，把原本討論的一百五十七奈米都丟一邊，全部圍繞在一百三十四浸潤式的話題上。

不過，研討會後，業界一開始並不認可林本堅的策略。表面上看，反對方一開始列舉的理由有很多是技術性的，例如利用水作介質容易被汙染，而且水中的氣泡會影響曝光等。但是，從更深的層面看，這意謂著他們已經投入數十億美元研發費用的「乾式」微影前功盡棄。對此，台積電前共同營運長蔣尚義回憶道：「（當年）確實有大公司的高層主管表達嚴重關切，希望我能管管他（林本堅），不要攪局。」

「偏執狂」林本堅的構想得到了蔣尚義和張忠謀的支持，而他自己也積極對外交流，說明下一代技術應該改變策略，使用浸潤式光刻機技術的性價比更高！他說：「像下棋一樣，要先想好後面好幾步。把所有可能的步驟都一直想下去，（直到）想不到可能。」

林本堅帶領團隊在半年內發表了三篇論文，一一回應了反對方質疑的技術難題。同時，林本堅還跑遍美國、日本、荷蘭與德國，與業界展開了深入溝通，林本堅說他從張忠謀身上學到的重要一課是溝通。他的努力終於有了回報，阿斯麥發現，林本堅是對的，於是與台積電展開了合作。最終，台積電和阿斯麥於二〇〇四年共同研發成功全球第一台浸潤式微影機。林本堅後來曾說：「原本一個美國大廠的代表說他們絕不用這技術，結果一個（半導體製程）世代後，他們也用了。」後來，張忠謀曾評價，「如果沒有林本堅及其團隊，台積電的微影不會有今天的規模。」

林本堅的事例表明，潛心鑽研、矢志探索

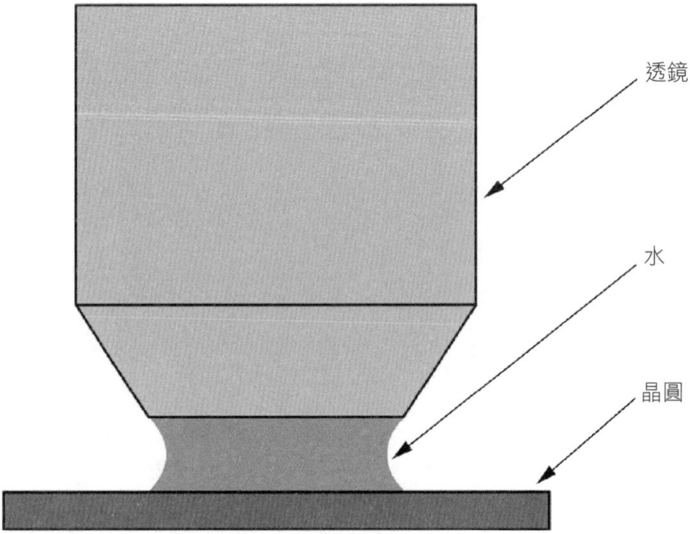

● 浸潤式微影技術示意圖

的專業技術人才，是企業發展的法寶。浸潤式微影技術的發展，也極大地促進了台積電和光刻巨頭阿斯麥的發展。以水為介質的浸潤式微影機大受歡迎，而日本尼康與佳能投入巨資研發的一百五十七奈米「乾式」微影技術從此被擱置，而這也為後來阿斯麥全面超越日本企業埋下了伏筆。阿斯麥執行長彼得・韋尼克（Peter Wennink）在接受採訪時曾說，「iPhone 能出現，是因為浸潤式微影技術。確實如此。」

窮困，會激發一家公司更多創意

勇於創新、善於創新的前提是準確的認知和判斷。只有樹立全球視野、把握發展規律、準確判斷方向，積體電路企業的投資才不至於白費。對於尼康和佳能的落敗，日本一橋大學創新研究中心教授中馬宏之曾經進行深入的研究。他在比較中發現，阿斯麥的微影機中九十％零件向外採購，其比率遠高於尼康和佳能。這種高度外包的策略，使阿斯麥得以快速集成各領域最先進的技術，而自身則專注於客戶需求和系統整合。

然而，僅從表面上看，阿斯麥的策略也有其限制：如果供應商的一個環節出現問題，那麼整個系統研發或將為此延後，從而付出巨大的成本。對此，阿斯麥給出的答案是，供應商也是「合作夥伴」，在其通過嚴苛的品質審查後，阿斯麥才會邀請他們參與設計，從而攻克極紫外光刻技術（Extreme Ultra-Violet Lithography，簡稱 EUVL）等難題。

阿斯麥首席技術長范登．布令克（M. van den Brink）認為，「有些技術我們還得自己發展，我們只挑選最關鍵的部分來突破。」對於為什麼會選擇開放式創新，韋尼克接受《天下》雜誌專訪表示：「只有一個詞就是『窮困』。窮困激發創意。一九八四年，我們懷抱著顛覆產業的夢想，從飛利浦獨立出來。當時飛利浦經濟情況很糟，正執行一個很大規模的裁員計畫，沒辦法給我們經費。那我們怎麼辦？我們去找政府爭取經費，去找供應商，告訴他們我們的構想，問他們一起做好嗎？我們跟你分享利潤。我們因此打造了一個很大的研發網絡。阿斯麥的供應商不只供應零件，還供應知識。我們還有很多研發夥伴，包括荷蘭的大學、歐洲研究機構。例如，我們跟距離不遠的比利時校際微電子研究中心（ＩＭＥＣ）關係很密切。他們永遠可以用很低的價格，拿到我們最新的機台（設備）；我們也可以藉此提前了解下一代晶片技術的需求。」

開放式創新的戰略布局，也使得阿斯麥十分注重從系統的層面來思考產業發展。在二〇一六年的年報中，阿斯麥從源動力和利益相關方兩個角度，對二十二個方面的管理要素進行分析。這二十二個方面分別是：

(1)創新
(2)使用者可持續性

(12)產品安全與相容
(13)資本回報率

(3)營運可持續性
(4)人員可持續性
(5)領軍人才管理
(6)供應可持續性
(7)財務績效
(8)生產安全管理
(9)知識管理
(10)商業風險管理
(11)商業倫理管理
(14)組織管理
(15)合理薪酬
(16)稅收管理
(17)人權
(18)環境效率
(19)負責任的供應鏈
(20)「圈子」參與度
(21)勞務關係
(22)多元化

極紫外光刻，從萌芽到量產

極紫外光刻技術是阿斯麥攻堅克難過程中的頂級技術。浸潤式微影機的發展，使曝光與顯影的線距得以縮至四十五奈米、三十二奈米。在二十二奈米工藝中，雙重／多重顯影技

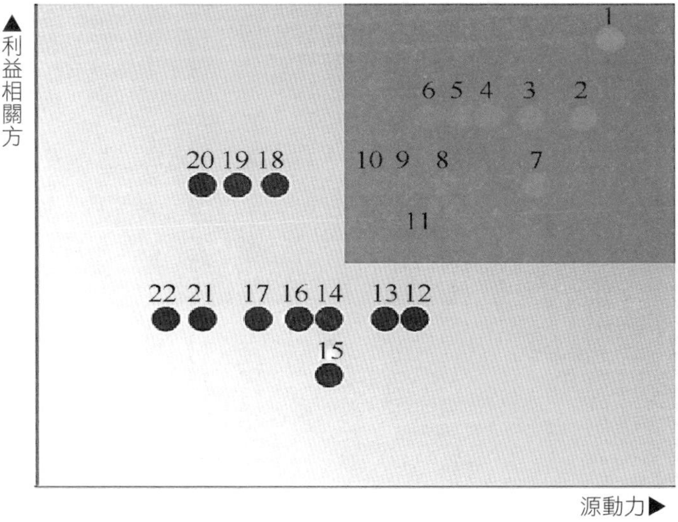

● 阿斯麥 2016 年年報中提及的 22 個管理要素

術（Double/Multi Patterning Technology）運用時，曝光鏡頭設計和光罩設計都已經越來越複雜。後來，在十四／十六奈米工藝中，除導入等離子體或電子束（E-Beam）、多重曝光顯影（Multiple Patterning Lithography）等新科技外，人們對極紫外光刻技術有了更多的期待。

極紫外光刻技術採用高功率的二氧化碳雷射器，波長僅十三．五奈米，是氟化氬雷射光波長一百九十三奈米的十四分之一。與氟化氪、氟化氬雷射穿透石英玻璃搭配光阻的曝光顯影方式不同，極紫外光必須在真空環境下曝光——空氣、石英玻璃與光罩保護膜等任何材料都會吸收極紫外光。因此，極紫外光刻採用反射式光罩——利用反射鏡片及聚光多層膜反射鏡將光罩上的圖案反射、聚焦到曝光盒。

但是，這種處理方式又帶來了多層膜反射鏡吸收大量極紫外光源問題。除了上述問題，以及超高功率雷射光源、真空環境帶來的潔淨度控制等挑戰外，過短波長的繞射現象造成的光罩、晶圓邊緣過度曝光等問題，也會導致晶圓合格率不佳和頻繁檢測等問題。這些都是需要克服的難題。這些難題，也是造成極紫外光刻的研發速度不及預期的原因。

極紫外光刻技術的最早研發，是一九九六年美國桑迪亞國家實驗室（Sandia National Laboratories）、加州大學柏克萊分校與朗訊科技共同開發的。當時的半導體工藝線寬還在一百八十奈米左右。二〇〇八年，IBM、AMD加入開發後，在紐約州立大學阿爾巴尼分校奈米科學與技術學院展開了極紫外光刻機的初步研發，當時的工藝線寬在九十奈米。

後來，台灣的同步輻射研究中心在二〇〇八年、二〇一四年兩期的奈米計畫中，於新竹建造了極紫外光刻研究實驗站，並設計建造了EUV反射儀、光阻分析系統、頻譜系統與同步極紫外光雷射光源，並接受阿斯麥、日產化學、台積電的委託，展開極紫外光刻機設備相關的曝光、顯影、晶圓檢測等技術研發。在利用極紫外光刻的半導體工藝中，高效能光阻劑、真空曝光盒等都具有極高的難度。為了加速工藝發展，二〇一二年阿斯麥邀請英特爾共同參與極紫外光微影量產技術與設備研發。當時，英特爾投入四十一億美元，占十五%的股權。其後，台積電和三星分別投資十四億、九·七五億美元，以確保在未來的十奈米、七奈米製造中獲得「入場券」。在此前阿斯麥的發展歷程中，荷蘭ASM控股集團、荷蘭飛利浦集團和美國投資銀行摩根大通是主要的股東。

二〇一三年，阿斯麥併購世界領先的準分子雷射器提供商西盟科技公司（Cymer），獲得其深紫外光與極紫外光雷射光源和真空曝光艙技術。二〇一四年十二月，台積電率先給阿斯麥下了用於七奈米工藝的極紫外光刻機訂單。在台積電搶先布局後，英特爾面臨著十奈米工藝量產不順利的現實，也加入了極紫外光刻量產工藝的投資行列，直接下單訂購十五台 NXE：3350B 量產型極紫外光刻機。

在這裡，有必要把積體電路發展至關重要的工藝技術——光刻（Photolithography）再做一下梳理。光刻是用光來製作圖形的工藝：在矽片表面均勻塗膠，而後將光罩板上的積體電路微型圖形轉印到光刻膠上，需經歷矽片表面清洗烘乾、塗底、旋塗光刻膠、軟烘、對準曝光、後烘、顯影、硬烘、刻蝕等過程。其中，矽片進入塗抹光刻膠環節後，將光刻膠（感光性樹脂，一種對光線、溫度、濕度十分敏感的材料）滴在矽片上，通過高速旋轉均勻塗抹成光刻膠薄膜，並施加以適當的溫度固化光刻膠薄膜。在曝光工藝中，光刻模板、透鏡（主要參數為透鏡的數值孔徑）、光源（主要參數為光的波長）共同決定了光刻膠上電晶體的尺寸——光罩中預先設有電路圖案，光束透過光罩經過特製透鏡折射後，在光刻膠層上形成光罩中的積體電路圖案。光波長的長短、透鏡數值孔徑的大小是制約光刻技術進一步發展的關鍵要素。曝光後的晶圓進行顯影處理，噴射顯影液後，經照射的光刻膠會發生化學反應溶解於顯影液中，未被照射到的光刻膠圖形則會完整保留。晶圓經過表面沖洗、熱處理後，光刻膠得以固化。

一九七八年，美國旋翼機公司（GCA）在全球推出第一台光刻機，此後尼康、佳能和阿斯麥快速跟進，後三者逐步壟斷了光刻機市場，其中尼康的市場份額曾長期占據五十％以上。一百九十三奈米光刻技術問世後，阿斯麥後來居上，尤其是浸潤式光刻技術使其在與尼康、佳能的競爭中獲得了極大的優勢。由於積體電路的投資成本極高，因而能夠滿足精確度和成本要求、工藝的延伸性非常強的阿斯麥產品成了首選。在英特爾不再採購尼康的光刻機後，阿斯麥事實上已經成為市場的絕對主導。二〇一二年，隨著英特爾、三星和台積電對阿斯麥的投資，後者的主導地位進一步確立。

在英特爾、三星和台積電投資的當年，阿斯麥推出了試驗型極紫外光刻設備 NXE:3100，其後又推出了量產型 NEX:3300B。二〇一四年，阿斯麥推出 NXE:3350B，這也是此後幾年的極紫外光刻主要機型，該機型主要用於七奈米晶片製造的測試和試產。二〇一七年第一季度，阿斯麥開始交付第四代極紫外光刻機 NXE:3400B，該類機型的單價超一億歐元，曝光速度達一百二十五片晶圓／小時，一時成了英特爾、三星、台積電七奈米節點的量產關鍵。

如果半導體工藝進一步升級到五奈米及三奈米節點，阿斯麥則能憑藉其深紫外光微影、全方位微影（Holistic Lithography）和極紫外光微影技術和設備，在產業內迅速形成了技術壟斷地位。回過頭看，一九八四年阿斯麥從飛利浦獨立而來，二〇〇〇年底兼併了美國光刻機巨頭SVGL，二〇一三年收購美國準分子雷射器企業西盟科技公司，在產品線上開發了 TWINSCAN NXE、TWINSCAN NXT、TWINSCAN XT和Yield Star、PAS5500 等系列產品，擁有進步掃描式光刻、浸潤式光刻技術、極紫外光刻技術和壓印光刻技術。

阿斯麥於二〇〇〇年推出了光刻平台 TWINSCAN。該系統採用阿斯麥獨有的雙工作台（dual-stage）晶圓處理技術，由兩個平台交替執行測量對位和微影功能，因此能不間斷地完成微影工藝，同時大幅提高了工作效率與對位精度。雙工作臺與浸潤式光刻機的發展，成了阿斯麥超越對手的起點。在阿斯麥的系列產品中，TWINSCAN 系列型號包括 TWINSCAN NXT:1950i、TWINSCAN XT:1950Hi、TWINSCAN XT:1900Gi、TWINSCAN XT:1700Fi、TWINSCAN XT:1450G、

TWINSCAN XT:1000H、TWINSCAN XT:875G、TWINSCAN XT:870G、TWINSCAN XT:450G、TWINSCAN XT:400G等。TWINSCAN NXE:3400B支援七奈米和五奈米節點的批量生產，融合了極紫外NXE和氟化氬NXT的能力、卓越的圖像解析度、適宜的覆蓋層，以及對焦性能，配備NA（numerical aperture，鏡口率）為〇・三三的投影光學系統。

他們抵押了房子，造就了光罩技術的成熟

在光刻工藝中，數值孔徑更大的透鏡是光刻機發展的必要條件，卡爾蔡司（Carl Zeiss，簡稱蔡司）作為阿斯麥（參股了卡爾蔡司）的供應商為其提供透鏡。卡爾蔡司因其相機鏡頭等產品已為眾人所知，但是相對「低調」的是，它還是阿斯麥的供應商，深刻地影響著光刻技術的發展進程。

歷史上，卡爾蔡司便為半導體產業提供光學配套服務。二〇〇〇年，七奈米光刻機的研發目標已經提出，卡爾蔡司開始致力引領未來的半導體技術開發，並在奧伯科亨建立了歐洲最現代的光刻系統新工廠。二〇〇一年，該公司的半導體技術團隊，以卡爾蔡司的獨立企業開始運作，成為世界上極少數幾家可以提供微晶片光刻技術的公司之一。二〇〇六年，卡爾蔡司設立新的研發中心和新工廠，向最先進的光刻系統配套設備進軍，其所提供的Starlith® 極紫外光刻光學器件、

電子顯微鏡、光罩修復工具及氦離子顯微鏡等程序控制解決方案，以及過程氣體分析儀、兩百四十八奈米的深紫外光氟化氪光刻、AIMS EUV、三百六十五奈米（I-Line）高壓汞蒸氣光刻、一百九十三奈米的深紫外光氟化氬光刻、晶圓級CD光學測量等技術，已成為全球晶片生產中的「命脈」。

二〇一六年，阿斯麥獲得卡爾蔡司二十四・九%的股份，並承諾八・四億美元的研發投入，聯手研發數值孔徑高於〇・五NA的鏡頭，確保極紫外光學設備研發。從近年來卡爾蔡司公開的資訊來看，其所能提供的高精密透鏡產能年度增長空間十分有限，而這又成為了限制未來先進工藝量產的重要因素。

究其根本，供光刻機使用的鏡頭由鏡片串連組成，這些鏡片需要利用高純度透光材料和高品質的拋光工藝才能加工而成，均勻材質的鏡片往往是數十年乃至上百年技術積澱的結果，這才成就了皮米（千分之一奈米）尺度的精加工。阿斯麥總裁兼執行長溫彼得曾經具體地比喻，「如果反射鏡面積有整個德國大，最高的突起處不能高於一公分。」

除了鏡頭和光源的極致要求外，光刻機中上萬個機械件也都有極致的機械精度要求。這種加工精度，已經遠遠超越了「圖紙」的範圍。在光刻工藝中，光罩板（Photomask）又稱掩膜、光掩膜、光刻掩膜板，是積體電路製造中「底片」轉移用的高精密工具，是下游電子元件製造業流程銜接的關鍵，決定著下游產品的精度和品質。在積體電路的製造中，光罩開發具有典型的高科技特徵。從某種程度上看，消費電子（手機、平板電腦、可穿戴設備等）、車用電子、醫療電子、ＬＥＤ照明和智慧家居、物聯網等領域的發展均受光罩科技的影響。

隨著全球積體電路向十奈米以下製造工藝技術的發展，對光罩品質要求越來越高，具體表現為其線縫精度要求已從微米級向奈米級發展。全球專業的光罩公司有福尼克斯（Photronics）、台灣光罩、凸版印刷株式會社（Toppan Printing）、豪雅光學（Hoya）、ＳＫ電子（SK-Electronics）等。隨著工藝的進一步發展，專業光罩廠商的市場份額已經逐步取代晶圓製造廠自身需要的光罩廠商份額，而且在十奈米以下工藝發展中呈現集中化的趨勢。總部位於美國康乃狄克州布魯克菲爾德的福尼克斯公司是專業從事光罩生產和銷售的企業，市場覆蓋美國、歐洲、韓國等主要國家。

在雷射系統中，被阿斯麥收購的西盟科技公司曾是世界領先的準分子雷射器供應商，由加州大學聖達戈分校畢業的博士羅伯特・埃金斯（Robert Akins）和理查・桑德斯特羅姆（Richard Sandstrom）於一九八六年在美國加州創立。兩人都曾在國防企業從事雷射研究，他們後來在加州大學的實驗室裡研發了準分子雷射器（excimer lasers）的原型。

一開始，他們遇到了很多的技術瓶頸，例如如何使雷射長期穩定地激發等等。在漫長的摸索過程中，兩個人還欠下了大學數十萬美元的債務，無奈之下只好抵押房屋以籌措研發資金。一九八八年，曾在仙童半導體、摩托羅拉和德州儀器工作過的投資人理查・亞伯拉罕（Richard Abraham）向他們提供了創業投資資金，投資條件則是「西盟科技公司必須完全專注於準分子雷射器在半導體工藝設備上的應用開發」。

後來，佳能和尼康到訪後，也加入了投資行列。二十世紀九〇年代，積體電路沿著摩爾定律的路徑繼續推進，兩百五十奈米波長的雷射光源成為炙手可熱的產品，西盟科技公司大放異彩。十多年後，阿斯麥在向極紫外光刻機挺進的過程中，收購了西盟科技公司。

除阿斯麥、佳能和尼康外，這個產業還有一些其他的配套公司。例如，總部位於美國麻塞諸塞州的ＩＰＧ光電（ＩＰＧ雷射公司、ＩＰＧ光子、阿帕奇光電公司）成立於一九九〇年，是全球高功率光纖雷射器和放大器的生產商，其產品廣泛用於材料加工、通訊、醫療等領域中。ＩＰＧ光電採用縱向的集成開發和生產戰略，在美國、德國、俄羅斯、義大利等地設生產設施，擁有獨特的技術平台。ＩＰＧ光電的產品覆蓋從半導體二極體到特殊雷射器和光學部件、光學雷射器、放大器，其成品中所需的主要部件均由ＩＰＧ光電自行設計和生產，因而提高了產品的配套性能，提升了產品的研發速度。

電子科學工業公司（Electro Scientific Industries，簡稱ESI）是一家雷射系統設備供應商，總部位於美國奧勒岡州。一九四四年，ＥＳＩ的前身Brown Engineering，其後更名為Brown Electro-Measurement Corporation（簡稱 BECO）。一九五三年，ＢＥＣＯ的道格拉斯．斯特蘭（Douglas C. Strain）和其他三名投資者合資收購了其他人的股份，成立了ＥＳＩ。經過三十年的發展，

ＥＳＩ於一九八三年上市，並於一九九七年開始併購了多家同領域的製造商，逐步成為產業內的領先者。

6 人工智慧晶片，戰鼓隆隆

在積體電路的發展中，敢闖敢幹、敢為人先是成功者的共同特質，對於影像處理器和人工智慧而言也是如此。

隨著應用場景的不斷拓展，人工智慧晶片戰場上的硝煙燃起、烽火瀰漫，眾多廠商紛紛加入了應用領域的卡位戰，其中圖形處理器（Graphics Processing Unit，GPU）的生產巨頭輝達已初步占得先機。

圖像「視覺」，兵家必爭之地

圖形處理器又稱顯示核心、視覺處理器、顯示晶片，是專門用於圖像運算工作的微處理器。在人工智慧晶片領域，輝達公司（NVIDIA）十分搶眼，其通用計算圖形處理器（General Purpose Graphics Processing Unit，簡稱GPGPU）技術為業界提供了強大的運算能力，這種低成本、大規模的單指令多數據流（Single Instruction Multiple Data，簡稱 SIMD）並行處理架構、使高密度、高性能的並行處理得以在個人電腦上部署。簡單地說，就是原先的個人電腦可以變成「超級電腦」，這為人工智慧的發展鋪平了道路。

在輝達的發展歷程中，執行長黃仁勳自然功不可沒，而輝達的前首席科學家大衛・柯克（David Kirk）也在其間發揮了至關重要的作用。輝達成立於一九九三年，柯克於一九九七年加入輝達，二〇〇九年前一直擔任輝達的首席科學家。在柯克的帶領下，一九九九年輝達在與AMD的Radeon 系列顯卡競爭中推出 GeForce 系列，這成為輝達產品後來成功開發的基礎。後來，柯克在GPU通用化過程中開發了CUDA平台和 OpenGL 標準，二〇〇七年 CUDA β 版發布，比傳統的CUP解決方案速度大幅提升。

二〇〇三年，輝達在面對英特爾新推出的四核CPU處理器競爭中，推出一百多個單指令多數據流內核的GPU。英特爾的晶片可以通過多線程技術被所有電腦應用分享，但是GPU基本上還是只能通過 OpenGL/DirectX 等高等繪圖渲染介面，或者非常複雜的 Shader Program 介面與使用者交互。

怎樣利用程式設計模型，實現GPU並行運算資源的開發者分享，將使用者的個人電腦變成「超級電腦」？柯克說服黃仁勳大力研發CUDA技術，其目標只有一個：使GPU通用化，成為通用計算圖形處理器。技術成熟後，柯克再次說服黃仁勳，輝達未來所有的GPU都必須支援

CUDA，以讓工程師來學習和研發CUDA程式，讓大眾使用者的顯卡支援CUDA程式。這個風險極高、瘋狂的決策獲得了成功。從二〇〇七年輝達的Tesla架構（內部代碼G80）開始，除Tegra1——4等移動嵌入式系列外，其所有的GPU晶片產品都完全支援GPGPU的CUDA架構。

在推廣的過程中，二〇〇八年英特爾中斷了和輝達之前在集成顯卡方面的合作，而輝達主打的高端筆電獨顯產品8600M系列出現了與散熱相關的重大品質問題——部分使用該款顯卡的筆記型電腦出現了黑屏甚至是燒機等事故。此時，英特爾計畫推出GPCPU方案——Larrabee晶片，而AMD則在遊戲顯卡市場推出了新的GPU產品。面對這些變故，輝達的股價已從最高時的三十七美元跌落到最低的六美元左右。二〇〇九年，輝達迎來了轉機，基於CUDA的高性能運算研究成果在眾多知名學術期刊上發表，其後輝達的GPGPU獲得了認可。在與輝達的競爭中，英特爾的Larrabee方案性能不及預期，英特爾因此於二〇一〇年取消了獨立顯卡計畫。

GPU、TPU與NPU

GPGPU成就了人工智慧，人工智慧成全了GPGPU，而開拓者的勇氣和努力則為兩者注入了源源不斷的強勁動力。因為GPU對處理複雜運算、並行運算的天然優勢，輝達的晶片成為深度學習的首選或主要選擇。儘管GPU在人工智慧領域表現優異，但是對於Google等大數據公司來說，還需要解決的頭痛問題就是，如果數百萬台伺服器不斷地運行，耗能就變成極為棘手的問題。事實上，在聚光燈下的「阿爾法狗」（AlphaGo）有多個不同的配置，其中高配置版本的「阿爾法狗分布版」（AlphaGo Distributed）使用了一千九百二十個CPU和兩百八十個GPU。

於是，設計更高效、更低耗能的晶片，就成了擺在Google面前必須要解決的難題。在這條路上，Google選擇了張量處理器（TPU）的自主研發。相比於CPU、GPU和現場可程式化邏輯閘（FPGA），TPU是人工智慧技術專用處理器，種類上歸屬於專用積體電路（ASIC）。

Google的人工智慧晶片開發，可以追溯至二〇〇六年，這一年Google已經考慮為神經網路計算建構專用積體電路。隨著計算需求的快速增長，人工智慧晶片的需求已經日益迫切，而Google由此加速了TPU的設計、驗證、製造和部署步伐，二〇一六年五月Google在開發者大會上對外公布了TPU。

在Google的開發團隊中，有多名工程師後來加入了人工智慧晶片企業Groq。二〇一七年五月五日，社會資本公司（Social Capital Hedosophia Holdings）在開曼群島成立，從事創業投資等業務，其創始人查馬斯・帕里哈皮蒂亞（Chamath Palihapitiya）在給予Groq上千萬美元的啟動資金投資後，從Google挖來了人工智慧的工程師團隊。公司成立後不久，Groq宣布其人工智慧晶片將對準輝達的GPU，並稱這是專門為人工智慧重新客製的晶片。

在Groq公司的初創架構中，首席營運長來自原賽靈思（Xilinx）的行銷副總裁。賽靈思公司成立於一九八四年，首創了FPGA技術並於一九八五年首次推出商業化產品，其FPGA產品曾一度占據全球一半以上的市場。儘管目前GPU主導著人工智慧的訓練場景，但是專注於推理環節的FPGA將在未來發揮巨大的潛力：GPU的架構是固定的，而FPGA則是可程式設計的。與CPU的通用性不同的是，人工智慧晶片是為某一特定的應用場景而開發。因此，隨著人工智慧的不斷發展，可程式設計性或將迎來其「用武之地」：讓專注於應用的終端企業提供有別於競爭對手的解決方案，這就需要靈活地針對自己所用的演算法修改電路。由於FPGA可以根據特定的應用對硬體進行程式設計，所以或可更佳地調動資源。

在應用場景的競爭中，擁有約十四億人口的中國大陸市場已成為全球關注的焦點。在中國大陸的人工智慧晶片中，寒武紀科技的深度學習專用處理器晶片（NPU）是較為典型的產品。早在二〇〇八年，寒武紀的開發者便開始神經網路演算法和晶片設計的研究，第一代方案於二〇一二年推出，用中文「電腦」的拼音取名「DianNao」，其後又陸續開發出第二代「DaDianNao」（「大電腦」，功能增強）、第三代「PuDianNao」（「普電腦」，通用型機器學習晶片）、「ShiDianNao」（「視電腦」，圖像識別處理器）、「DianNaoYu」（「電腦語」，神經網路指令集）等針對不同應用或目的的晶片。隨著「寒武紀1A深度學習處理器」（Cambricon——1A Processor）晶片在華為手機麒麟九七〇上的應用，其成為了世界首款集成人工智慧專用處理器的手機晶片。

隨著應用場景的不斷拓展，越來越多的人工智慧晶片將得到應用，而人工智慧晶片的「賽道」又將與傳統的通用型晶片「賽道」有著很大的差別。在人工智慧的晶片賽道中，輝達在競爭中獨占鰲頭，產業競爭涇渭分明。相比之下，推理層的競爭則呈現出「群雄逐鹿」的態勢。在中國大陸，物聯網、智慧消費、智慧生產的各個「賽道」正在鋪開，人工智慧晶片的競爭也將由此拉開序幕，各技術路線或將迎來激烈的競爭，誰勝誰負亦未可知。

7 產業鏈的危機與轉機

「中興事件」戳中了中國大陸的敏感神經。這起事件帶給中國大陸科技界反思，既有自主創「晶」的重要性，也有晶片產業鏈經營的深刻內涵。如果說中興需要的晶片作為「原料」，那麼對於中國大陸而言，晶片生產所需的精細化學品、高純度矽、封裝材料等「原料」，以及光刻機等精密裝備，也都存在很大的海外依賴。在整個晶片的長產業鏈中，任何一個環節的問題都有可能引發區域的產業危機。

後有追兵，只能不斷往前

即便沒有中興事件，因為過去六年中積體電路產能投資不足，晶片市場的供給一時處於短缺狀態，不少垂直一體化晶片製造廠商（ＩＤＭ）和晶圓代工廠都對矽片採取限量供應的措施，進而影響了諸多產業的訂單——在今天，晶片已經成為大多數產業都離不開的「原料」；在未來，隨著智慧社會的不斷演進，晶片「原料」的供給將更為深刻地影響著各個產業。

「知之愈明，則行之愈篤；行之愈篤，則知之益明。」在積體電路的生態系統中，如果不識變、不應變、不求變，就可能陷入戰略被動。對於積體電路產業來說，認識需求考驗的是功底，適應需求考驗的是能力，引領變化考驗的是眼光。

在電腦的中央處理器發展歷史上，從奔騰（Pentium 4）到酷睿（Core2Duo）的性能主要依靠設計上的突破，其他時期的性能突破主要依靠晶片技術的提升。在移動通訊時代，儘管晶片製造技術的提升所帶來的短期市場效益，已經沒有個人電腦時代的比重大，但是從長遠看仍然是積體電路企業立足的根本。

在晶片製造技術的提升過程中，工藝複雜性不斷升高，包括晶片設計、光罩製作等在內的一次性工程費用，以及每個晶片的製造成本都快速上升。例如，在每一次晶片製造技術升級的過程中，工程師需要耗費大量的精力和時間去學習、理解和掌握更複雜工藝的設計規則。一次性工程費用的增加，使得能夠負擔起巨額投資的企業越來越少。

同時，每次晶片製造技術的提升，不僅僅意謂著投資額的增加、技術要求的提升，還意謂著收支平衡所需要的銷量比上一代工藝時更高。這也就意謂著，利用新一代製造工藝生產的企業，需要進一步擴展銷量才能保障收益。

在技術、投資和市場的三重作用下，越來越多的廠商無力開發先進晶片工藝，而領先企業則可以通過其戰略布局來進一步擠壓競爭對手的生存空間。同樣，這種擠壓的過程可以從技術、投資和市場多方面入手：從投資上看，大規模的建廠成本、巨額投入的製造設備成本都意謂著極高的沉沒資金，自然意謂著有力承擔的企業越來越少；從市場上看，以三星的逆週期投資為代表，其在低潮期的擴大投資往往會進一步拉低市場價格，從而進一步擠壓對手的生存空間；從技術上看，光刻機等設備的要求越來越高，但是全球高端裝備產能有限，結果很多廠商不能獲得其所需要的設備，無法保障供應鏈的穩定。

儘管難度越來越大，領先者仍然會將下一代工藝作為其制勝的法寶。這是因為晶片製造技術提升後，規模經濟效應會更加明顯：新一代工藝的晶片毛利會比上一代晶片的毛利更高。在晶片製造工藝進步、晶圓尺寸擴大、投資規模增長的「軍備競賽」中，能夠涵蓋積體電路設計、積體電路製造、封裝與測試等各環節的垂直一體化晶片製造商越來越少，結果導致垂直分工的模式出現：無生產線的積體電路設計公司（Fabless）、不做設計的晶圓代工廠（Foundry）、專業的知識產權模組（IP核）供應商、封裝與測試（Package & Testing）廠商出現。其中，無晶圓廠公司直接面對客戶需求，而晶圓代工廠、知識產權模組供應商和封裝測試企業則為無晶圓廠公司服務。其中，晶圓代工廠以台積電、格羅方德、聯電和中芯國際等為代表。垂直分工模式的發展，適應了積體電路沿著摩爾定律的路徑發展帶來的高投入、高技術特徵，而以台積電為代表的台灣半導體產業，也由此成為了發展中國家投入高科技產業的成功案例，其核心新竹工業園區曾一度被業界譽為「東方矽谷」。

垂直分工，有捨有得

在台灣的晶圓代工廠模式得到確認前，不少積體電路企業已經面臨痛苦的兩難抉擇：一方面，積體電路企業需要不斷追加高昂的投資，來維持其競爭力；另一方面，日趨高額的投入、日益複雜的技術、日漸激烈的競爭都意謂著巨大的投資壓力。

在此情境下，不少原先的垂直一體化晶片製造商企業不得不切割其半導體業務。在業務切割後，這些企業成立子公司或合資公司：摩托羅拉切割業務後成立了飛思卡爾，西門子切割業務後成立了英飛淩，飛利浦切割業務後成立了恩智浦，法國湯姆遜切割業務後與義大利半導體公司合併成立意法半導體（ＳＴＭ）。

一九七二年，張忠謀先後就任德州儀器公司副總裁和資深副總裁，成為最早進入美國大型公司最高管理層的華人。一九八七年，在時任台灣工業研究院院長的張忠謀積極推動下，晶圓代工廠模式由此開啟。起初，歐美認為晶圓代工廠模式不可行，然而後來台積電、聯電公司整合全球產能證明了晶圓代工廠模式的可行性：晶圓製造廠只做晶片代工、不出售晶片、嚴格保護客戶隱私，從而消除了知識產權顧慮。在晶圓代工廠模式中，代工商自身不從事設計，接受其他設計公司委託製造，使積體電路設計者得以從高投入中解放出來。與之相對應的是，無晶圓廠的設計公司專門從事積體電路設計、不從事生產且無半導體廠房。

在規模化商業應用累積基礎上，不久後專用積體電路晶片設計公司和積體電路設計知識產權模組開發商陸續出現。晶片設計公司從加工環節中被解放出來後，可以專門從事高複雜度的晶片設計工作，並逐步將標準單元庫、工藝類比參數及模擬概念引入，由此晶片設計進入了以電子設計自動化（Electronics Design Automation，簡稱 EDA）為輔助工具並進入抽象化階段，這就促成了無晶圓廠設計公司的出現，由此積體電路設計產業成為獨立的產業。

在垂直分工的模式中，無晶圓廠設計公司、晶圓代工廠和知識產權模組供應商的合作，存在著相互制衡與合作的關係：如果無晶圓廠的晶片設計公司自建生產線，那麼很可能就無法委託晶圓代工廠加以生產；如果晶圓代工廠進入設計領域，那麼無晶圓廠晶片設計公司就會顧及自己的布圖設計會為其所盜用，因而在產業低潮期為設計公司所拋棄；對於知識產權模組供應商來說，其模組需要經過晶圓代工廠的矽工藝生產線驗證以及晶片設計公司的晶片產品設計驗證後才能使用。

台積電已然成為垂直分工模式中晶圓代工廠的傑出代表，然而聯電的規模曾經比台積電還大。聯電成立於一九八〇年，是台灣的第一家半導體公司，擁有聯電、聯誠、聯瑞、聯嘉及合泰半導體等，是全球晶圓代工廠的重要力量。如果從技術上看，一九九三年至一九九七年間聯電的專利數量約為台積電的兩倍、工業研究院的三倍，而其高介電係數／金屬閘極、低電介值、浸潤式微影術與混合訊號／RFCMOS技術等為產業內公認的先進技術。然而，到了二〇一六年，台積電與聯電的營收分別為二百九十四・八八億美元和四十五・八二億美元，市場占有率分別約為五十九％和九％。

台積電與聯電拉開差距，是從二〇〇一年前後開始。當時，台積電聘請胡正明出任首席技術長，完成了在鰭型電晶體（FinFET）等方面的技術累積。同時，這一時期又恰逢從八吋向十二吋轉型，台積電抓住機會不遺餘力地投資建設十二吋工廠，在競爭中初步占據了主動。也正是由於十二吋工廠固定投資成本極高，因而原先很多的垂直一體化晶片製造商沒有足夠資金投資，使得台積電抓住了「產業斷層」的機會，逐漸成為晶圓代工產業的龍頭企業。

二〇〇九年，時值二十八奈米晶片製造技術節點發展的契機，台積電加大投資全力投入，再次贏得競爭主動。面對二十八奈米晶片製造帶來的技術優勢，客戶趨之若鶩，台積電順勢搶占了三星原先獨占的蘋果訂單。二〇一〇年，蘋果考察台積電後，將iPhone和iPad晶片訂單全部下給台積電，台積電則投資九十億美元建廠，十一個月後即成功量產。後來，台積電在十奈米節點中再次領先，高通、蘋果、華為等世界級企業都是台積電的大客戶。

縱觀台積電從創立到二〇一七年的發展歷程，可以發現三次大規模的晶圓廠擴張期：第一次是在一九九五年至二〇〇〇年間，以幾乎每年建一個新廠的速度擴建了六個廠房；其後，在二〇〇四年和二〇〇五年期間擴建了四個工廠；二〇一五年前後，大力擴張十二吋晶圓廠，而台積電採用十六奈米節點的南京工廠也在該時期建設。每次擴張，都為台積電擴大市場份額提供了有利條件。

8 輕資產、重投資

作為積體電路的起源地，美國的積體電路以其原創性、拓展性領先於其他國家和地區。在東亞地區的追趕進程中，美國企業也將「微笑曲線」的低附加價值環節轉移到其他國家和地區，其產業呈現出明顯的從重資產向輕資產轉移的過程：二十世紀九〇年代，在全球化、垂直分工的背景下，美國積體電路企業將中低端環節分拆，並逐步轉移至東亞地區；與此同時，美國的積體電路產業中無晶圓廠的設計企業快速發展。以美國企業為代表，「輕資產」的經營模式受到了青睞：伴隨著全球化進程的加快、垂直分工的日益深入，以及美國民用積體電路市場的繁榮，美國積體電路產業經歷了從重資產向輕資產轉型的過程。

專注你的市場，掌握關鍵知識產權

相比於垂直一體化模式的工藝水準不斷提升、晶圓製造設備投入日趨增大、維持高速增長風險較大、市場規模要求較高，把主要精力集中於晶片的設計和開發，在生產製造、封裝與測試等環節採用專業的協力廠商企業代工，可以更專注於市場變化應對所需的快速調整和產品開發能力。

要想以輕資產的模式實現大額的銷售收入，把握市場需求的能力、保障供應鏈的穩定、專業的知識產權營運缺一不可。把握市場需求，除了對客戶特徵的深入認知外，還要求晶片設計團隊對於工藝參數在製造過程中的變化有深入的了解，才能明晰不會因為晶片製造工藝的不穩定等因素影響晶片製造的成品率，從而保證晶片的穩定供應。隨著進程的發展，事實上晶片設計團隊已經不易精準預測設計產品的成品率，對於可製造性設計技術和面向成品率的設計技術的要求也在不斷提升。

在供應鏈中，晶圓代工廠對技術和資金規模的要求極高，不同類型的晶片產品在選擇合適的晶圓代工廠範圍有限，往往會導致晶圓代工廠的產能較為集中。隨著晶片製造技術的不斷進步，代工廠能夠同時支援的晶片研發數量不斷減少，而單個晶片製造廠的產能卻大幅提升。代工廠迫切需要數量巨大的產品來填充生產線，這使得晶片代工廠優先考慮記憶體、微處理器、可程式邏輯陣列等通用性產品，因為這樣的產品訂單都非常大，而其他產品就很難拿到產能和優惠的價格。在生產旺季，晶圓代工廠和封裝測試的產能保障，需要設計公司合理、準確的調配，但是這對於中小型的設計企業而言並非易事：即便是市場拓展時的客戶規模因素，晶圓代工廠和封裝測試廠在不同產品中的產能切換、產能升級都可能帶來時間成本和採購成本的增加。

就知識產權而言，晶片設備製造等領域的專利競爭，已成為先進國家領先企業限制後來者的利器。在晶片設計領域，處理器內核的複雜性、高科技含量和長週期，使得大部分晶片廠商依靠購買知識產權模組來開發，這也使得安謀（ARM）、MIPS這些知識產權模組供應商得以快速發展，只有邁威爾、高通、博通等少數國際知名晶片設計企業，有能力通過取得指令集架構授權再自主設計內核。以高通為代表，其收取高昂的知識產權費用又成為下游客戶的進入門檻。

隨著物聯網、智慧汽車等應用場景的發展，不少半導體設計業者也在向全端（full stack）轉型，為客戶提供包括晶片和系統設計的完整軟硬體整體解決方案。對於這類型企業的商業模式來說，下游加值服務的高利潤，或可大幅補貼晶片設計和設計定案流片的高成本，因而這種商業模式是可行的。在這種轉型中，擁有巨大的下游市場的中國大陸企業，或已初具優勢。

晶片製造業是典型「重投資」產業

與設計和終端應用的「輕資產」相比，晶片製造業可謂是典型「重投資」產業。積體電路的製造涉及的關鍵設備就達二百多種，每種設備都十分精密且成本高昂、管理難度大、技術要求高。在摩爾定律的推動下，當前垂直一體化晶片製造商的投資成本已經極為高昂。更為嚴峻的是，如果新建成的生產線無法全部打通並量產，那麼生產風險也變得十分巨大：產能變化決定積體電路晶片的供給，而供需變化又影響著產業的毛利；建廠、設備安裝及調試時間通常需要兩至三年時間，這就意謂著必須提前兩至三年對未來的市場作出準確預測，否則便在供給過剩或是短缺中面臨困局。這種晶圓產能供給驅動的循環，演變為「高峰——衰退——復甦——擴張——高峰」的「矽週期」，整體上看需求變化的影響程度相對較小。

「矽週期」是三星的「逆週期投資」得以發揮作用的關鍵，但是這些策略同時又構成了其他廠商的風險因素。例如，如果沒有把握好經營週期，那麼即便是設備折舊也會成為極大的成本。隨著十二吋矽晶圓的微細加工發展，半導體生產設備價格越來越高，設備折舊成本占比越來越高。

在投資過程中，僅以晶圓製造為例，擴散工藝用的擴散爐、光刻工藝用的光刻機、刻蝕工藝用的刻蝕機、離子注入工藝用的離子注入機、薄膜生長工藝用的薄膜沉積設備、拋光工藝用的化學機械拋光機、金屬化工藝用的清洗機，都是極其高昂、極其精密的設備。此外，封裝環節所需的切割減薄設備、度量缺陷檢測設備、鍵合封裝設備等，測試環節所需的測試機、分選機、探針台等，以及其他前端工序所需的擴散、氧化及清洗設備等都因其技術含量高、製造難度大而價格不菲。其中，應用材料公司（Applied Materials）、美國泛林研究公司（Lam Research）、美國科磊（KLA Tencor）等側重於離子刻蝕設備、離子注入機、薄膜沉積、檢測設備，荷蘭阿斯麥以光刻機為重心，日本東京電子（Tokyo Electron）側重於單晶片沉積設備、清洗設備、塗膠顯影、退火、氧化設備。

在晶圓代工的業務競爭中，台積電、三星、格羅方德、聯電和中芯國際等是較有力的競爭者。ＡＭＤ在二〇〇九年三月二日分拆出的格羅方德製造業務，由ＡＭＤ與阿布達比的一家金融機構共同持有股權，交易共涉及八十四億美元，其中約有十二億美元債務也將由新公司承擔，此後ＡＭＤ將所有晶片製造設施移交給新公司。格羅方德成立後，在併購新加坡特許半導體、收購ＩＢＭ全球商業化半導體技術業務的同時，向二十八奈米以及二十二奈米、十四奈米節點不斷進軍，訂單十分樂觀。然而，巨額的研發投入、昂貴的設備卻使得格羅方德多年未擺脫財務困境，因此也被台積電拉開了差距。

二〇一四年，格羅方德在收購ＩＢＭ半導體製造業務的同時，也獲得了其專利和技術：ＩＢＭ在鰭型電晶體設計與製造技術上已有累積，格羅方德由此有了與英格爾、台積電在鰭型電晶體上競爭的基礎技術。從技術上看，ＩＢＭ使用絕緣層覆矽（Silicon On Insulator，簡稱 SOI）基板，儘管材料成本增高，但是由此可以減少生產步驟、降低操作電壓、降低晶片耗能。同樣是在二〇一四年，在向十四奈米節點進軍的過程中，格羅方德原計畫自己推出十四奈米——ＸＭ工藝，但是由於技術不夠成熟，決定和三星半導體公司合作，向三星借鑒生產十四奈米晶片製造經驗。

由此，格羅方德於二〇一五年在晶圓代工業務上超越了聯電，成為世界第二大晶圓代工企業。此時，ＡＭＤ正在開發ＡＰＵ（ＣＰＵ＋ＧＰＵ），在其新產品開發中使用了格羅方德十四奈米節點生產技術，ＡＭＤ和格羅方德兩家公司獲得了合作共贏的結果。

在分拆前，ＡＭＤ在三十二奈米節點後不再使用ＳＯＩ基板，不過格羅方德一直將該技術保留了下來，再加上對ＩＢＭ的技術收購將工藝提高了約半代的水準，使得格羅方德在二十二奈米製造中得以利用ＳＯＩ工藝。以此為基礎，格羅方德在ＳＯＩ工藝上形成了特色。此時，正值全球半導體工藝從二維電晶體向三維電晶體轉向的時期，格羅方德藉此在與英特爾、台積電、三星的競爭中不落伍，同時還發展了獨具特色的全耗型絕緣層覆矽（Fully Depleted-Silicon-On-Insulator，簡稱 FD——SOI）工藝。在二十二奈米節點上，格羅方德是全球首家實現 FD——SOI 工藝的廠商，利用該工藝生產的晶片耗能或可與二十二奈米鰭型電晶體相比，在物聯網晶片、移動晶片、射頻晶片上有廣闊應用。由於二十二奈米 FD——SOI（22FDX）工藝的訂單令人滿意，格羅方德又以此為基礎向十二奈米 FD——SOI（12FDX）工藝進軍，產品或可用於移動計算、５Ｇ互聯網、人工智慧、自動駕駛等。同時，格羅方德還在向七奈米工藝進軍，希望由此實現更高的電晶體密度、更低的耗能以及更高的性能。此外，ＩＢＭ、格羅方德和三星還致力於五奈米節點的矽奈米片電晶體（GAA FET）創新技術的研發。

高技術、高投資、高風險

其實除了台積電、三星、格羅方德、聯電和以中芯國際為代表的中國大陸晶片代工企業外，還有許多知名的代工企業。高塔半導體（Tower Semiconductor Ltd.）創立於一九九三年，是以色列一家獨立的積體電路專業代工廠，通過協力廠商的設計為客戶生產積體電路產品，應用於消費性電子產品、個人電腦、通訊、汽車、工業、醫療等領域，與松下公司有合資企業，在美國收購了八吋晶圓製造廠。

台灣的力晶公司在成立之初便和日本三菱電機結成了技術、生產與銷售同盟，其業務範圍涵蓋動態存取記憶體製造和晶圓代工兩大類別，曾與日本處理器晶片公司爾必達（Elpida）合作生產動態隨機存取記憶體產品，與日本瑞薩（Renesas）公司達成AG——AND快閃記憶體技術授權協定，與美商金士頓達成動態隨機記憶體代工協定。

在高技術、高投資、高風險的情境下，如何合作分擔研發先進製造工藝費用和風險、共用新工藝量產帶來的收益，成為了諸多企業思考的問題。隨著新生產線投資的固定成本和風險進一步升高，垂直一體化製造商也將有更多的業務外包給專業晶圓代工廠。同時，以芯恩半導體為代表，近年來共有共享式ＩＤＭ公司（Commune IDM，簡稱CIDM）也成為了新的探索方向：多家企業通過合作集中參與晶片設計、終端應用、晶片製造的環節，晶片設計公司能擁有晶圓廠的專屬產能和技術支援，在產能上獲得保障。在此模式中，多個合作方共同分擔投資和風險，共用資源和產能，在互惠互利、產品互補中共同提升產品和技術能力。

事實上，從某種程度上看，日本的超大型積體電路計畫便是ＣＩＤＭ的共性技術開發模式雛形。不過，ＣＩＤＭ也面臨著雙重挑戰：設計公司要提供技術給ＣＩＤＭ，而其產品又得避免同質化競爭。因而，對於ＣＩＤＭ而言，目標市場的細分是基礎。在芯恩之前，以生產存取記憶體為主的新加坡ＴＥＣＨ公司（ＴＥＣＨ的「Ｔ」代表德州儀器即ＴＩ，「Ｅ」代表新加坡政府經濟發展局即ＥＤＢ，「Ｃ」代表佳能即Canon，「Ｈ」代表惠普即Hewlett-Packard）便是ＣＩＤＭ的嘗試，四方聯合投資後，ＣＩＤＭ實現自己設計、自己生產、自己銷售。由此可以看出，在重資產的模式下，積體電路製造商將在協同共用上做出更多的探索。此外，還有一些不可控因素可能會影響整個垂直分工的產業鏈變化。例如，日本九州曾經發生的地震便表明，突發的自然災害等破壞性事件，會極大影響晶圓代工廠和封裝測試廠的正常供貨，從而引發整條產業鏈的連鎖變化。

9 一場從「矽」到「晶片」的逆襲

在整個積體電路的產業鏈中，石英砂是最基礎的原料，從砂到晶片的「逆襲」，不僅需要經歷極端的熔煉、極致的提純，還需要經歷極為複雜的「精雕細刻」，構成了極高的技術要求、人才要求和投資成本要求。點砂成晶片，是沒有捷徑的精益求精。

積體電路產業中使用的矽，純度要達到九九・九九九九九九九九九%

半導體材料中使用最多的元素是矽，矽在地球表面的元素中存量（近二十八%）僅次於氧。石英砂是石英石經破碎加工而成的石英顆粒，主要成分為二氧化矽，是高純度金屬矽生產的重要基礎材料。儘管來源豐富，但是積體電路產業中使用的矽純度要求達到九九・九九九九九九九九九%，因而需要熔煉和提純。通常，矽提純工藝中將二氧化矽與焦煤在一千六百至一千八百℃的高溫環境中還原成純度為九十八%的冶金級單質矽，而後利用氯化氫提純出九十九・九九%的多晶片矽，進而通過進一步提純，形成形態一致的單晶矽（矽原子在三維空間中呈現規則有序排列，形成每個晶胞含有八個矽原子的「金剛石結構」，晶片體結構十分穩定）。

在超純矽領域，一九二六年成立的日本信越化學工業株式會社（Shin-Etsu Chemical）是全球領先的企業。在積體電路發展前，信越化學便開始生產有機金屬矽，而積體電路發展時代更是全力優化工藝、拓展市場。在信越的多個事業部中，半導體矽材料事業部是其核心的業務部門之一，在全球最早研製成功了十二吋晶圓，並實現了絕緣襯底上的矽晶圓的產品化，其單晶矽已經可以達到純度九九．九九九九九九九九九％的生產水準。

三菱住友株式會社（Silicon United Manufacturing Corporation，簡稱 SUMCO）成立於一九三七年，一九九二年合併了九州電子金屬公司，一九九八年又合併了住友ＳＩＴＩＸ集團並更名為住友金屬工業公司。一九九九年，住友金屬公司、三菱材料和三菱矽材料公司成立聯合矽製造公司進軍十二吋晶圓業務，二〇〇二年住友金屬工業的矽製造部門、聯合矽製造公司以及三菱矽材料公司合併成立住友三菱矽公司，並於二〇〇五年更名為三菱住友株式會社。三菱住友的研發實力雄厚，至二〇一七年為僅次於信越化學的第二大半導體矽材料供應商。

以三菱住友株式會社的工藝為例，最高品質的矽晶圓生產需要極高的工藝水準，其間從二氧化矽中提取出的多晶矽進行加工處理，通過單晶矽的拉伸工藝使之成為單晶矽錠，然後進行切片成為矽晶圓投入市場。這過程中，純度為九九．九九九九九九九九九％的多晶矽，將其熔化在充滿惰性氣體的石英坩堝中，通過晶體生長技術製取單晶矽：在液體狀態的矽中加入籽晶，以其作為晶體生長中心，通過適當的溫度控制將晶體慢慢向上提升，在逐漸增大拉速的同時以一定速度繞提升軸旋轉，從而將矽錠控制在所需直徑內。完成後，提升單晶矽爐溫度，矽錠就會自動形成錐形尾部。製備好的晶圓尺寸越大，效益越高。

單晶矽錠製備完成後，切削掉頭部和尾部，修整至目標直徑，利用金剛石鋸把矽錠切割成厚度均勻、不超過一毫米厚度的晶圓片。切割後的晶圓片，需經仔細研磨、鏡面拋光等高級製造工藝，才能使其成為表面極度平滑、極度清潔的矽晶圓片。在此過程中，會用到特殊的化學液體清洗晶圓表面，最後進行拋光研磨處理、熱處理形成「無缺陷層」的晶圓片表面，供後續生產用。

德國的世創電子材料（Siltronic AG）也是重要的超純矽晶圓供應商，總部位於慕尼黑，二〇〇四年在全球首家生產十二吋晶圓片。二〇一四年，世創電子以七十八％的持股、與三星成立了合資公司，在亞洲地區新建八吋和十二吋矽片廠。世創電子對於矽晶圓的平整度和表面品質方面有著極高的標準，同時還可根據客戶需求在生產中摻雜硼、磷、砷和銻等元素。此外，世創電子還可根據客戶的要求設計基板矽晶圓片和外延薄膜層。

正因為晶圓產品對品質和工藝有著極高的要求，因此以信越等主要的晶圓廠都保有核心技術，用以維持其市場份額。隨著半導體工藝向十奈米以下推進，對矽晶圓的品質要求還將繼續升高，在原子層面減小晶體缺陷（雜質、表面不平整、附著顆粒和其他瑕疵因素等）也將是極致的追求，生產設備和加工環境的汙染物控制到幾近於零。此外，外圓磨削、線切割、邊緣切割、雷射打標、精研、清潔和蝕刻、拋光、外延等過程所需利用的設備，都要求有極高的精度和最佳匹配的技術參數。

精益求精，一場從上游到下游的工藝競賽

在積體電路的原材料準備完成後，晶圓浸入內含刻蝕試劑的刻蝕槽內，溶解掉暴露出來的晶圓部分，而剩下的光刻膠保護著不需要刻蝕的部分，其間利用超聲振動加速去除晶圓表面附著的雜質。利用氧等離子體對光刻膠進行灰化處理後，所有光刻膠被去除。如果無法一次製作出所需的電路圖形，則還需重複光刻膠塗抹、曝光、光刻膠溶解等步驟，其間可能也會有各種成膜工藝（絕緣膜、金屬膜）運用於其中。在積體電路晶片製造過程中，有意識地導入特定雜質以控制矽材料的導電能力，還可以用來控制雜質濃度以及分布。雜質擴散一般採用離子注入法完成，摻雜的導電性雜質導入電弧室後離子化，經過電場加速後從晶圓表面注入。離子注入完成後，部分矽原子已經被摻雜，可以形成自由電子或空穴。

離子注入完成後，利用氣相沉積在矽晶圓表面沉積氧化矽膜以形成絕緣層，同時光刻光罩技術在層間絕緣膜上開孔以引出導體電極。此後，利用濺射沉積法在晶圓整個表面上沉積布線用的

鋁層，繼續使用光刻光罩技術對鋁層進行雕刻，形成場效應管的源極、漏極、柵極。最後在整個晶圓表面沉積絕緣層以保護電晶體。此時，便可以利用鋁層形成、光刻光罩、蝕刻開孔等精細操作建構多層的互聯電路。對於在此過程中表面各種凹凸不平越來越多、高低差異很大的問題，可以採用化學機械拋光技術（CMP）來解決。

在這一領域，應用材料公司成立於一九六七年，是全球最大的半導體設備、顯示幕生產設備和奈米製造技術、晶片製造技術服務企業，先後收購了 Opal 技術（Opal Technologies）、Orbot 設備（Orbot Instruments）、Oramir 半導體設備（Oramir Semiconductor Equipment）、Etec 系統（Etec Systems）、Baccini、Semitool、Varian 半導體（Varian Semiconductor）等企業。

應用材料公司的產品覆蓋了物理氣相沉積、化學氣相沉積、刻蝕、快速熱處理、離子注入、外延、測量與檢測、清洗等步驟，其發展前端已推進至原子級層面的材料改性技術和規模生產能力開發。應用材料公司從材料業務逐步發展至設備製造業務，由美國、以色列、中國大陸、新加坡、歐洲等地的研發中心共同協作，在研發與生產工藝、組件方面共同努力來提升客戶的設備效能，提供專業的工程解決方案和服務。應用材料公司在矽谷設立了梅丹技術中心（Maydan Technology Center），超淨工作區內，多達兩百五十個不同步驟的處理可以實現集成開發，Endura 系統、Tetra 光罩刻蝕系統等系統集成實現了高度自動化的運行，從而為四百五十毫米（十八吋）晶圓等的開發提供了平台。在這個完整的新工藝流程開發中，即便是零組件的精確製造，都可能意謂著需要更專業的新技術。在逐步逼近摩爾定律極限後，原子級的加工則意謂著全新的新科技匯聚。

泛林研究公司（Lam Research Corporation）創立於一九八〇年，總部位於美國加州弗里蒙特，是全球主要的設備製造和服務供應商之一，可提供單晶圓清潔技術的多樣組合，製造技術涉及刻蝕、沉積、去除光阻及清潔、研磨和精密拋光等設備。在薄膜沉積工藝中，泛林的產品包括ALTUS®Max、ALTUS®Max Extreme Fill TM、ALTUS®Direct FillTM Max等，結合了化學氣相沉積（CVD）和原子層沉積（ALD）技術實現高度適形的薄膜均勻沉積，滿足了鎢金屬化應用需求。在刻蝕工藝中，泛林的產品包括Versys®Metal、Versys®Metal L、Versys®Metal M等，用於金屬硬光罩（MHM）蝕刻，可實現小尺寸的刻蝕。

泛林的乾法去膠工藝，可有效去除前道工藝中的光刻膠並實現先進晶圓層級封裝。泛林曾經試圖併購科磊半導體（KLA-Tencor Corporation），後者創立於一九七五年，是晶圓檢測與光罩檢測的先進企業，產品包括晶片製造、晶圓製造、光罩製造、互補式金屬氧化物半導體（CMOS）、圖像感測器製造和微電子機械系統製造等。在泛林集團執行副總裁兼首席技術長理查·戈奇奧（Richard Gottscho）看來，隨著原子層刻蝕等技術的發展，「摩爾定律繼續發展已不僅僅指簡單的微縮，無論是從二維向三維轉變或是其他方式，產業界始終都有方法讓晶片的密度和性能繼續提高，而耗能和成本持續降低。」

無論是應用材料的工藝流程體系，還是泛林的原子層刻蝕體系，說明積體電路的製造是諸多技術集成的結晶，各類人才在核心價值觀上的共同認知則是其發展的根本。除應用材料、泛林外，東京電子、中微半導體等也已成為該領域的重要供應商。東京電子成立於一九六三年，是日本半導體的先進企業，其產品可用於晶圓處理、等離子體蝕刻、熱處理等，包括離子注入機、光刻機、薄膜沉積設備、曝光顯影機等。二〇一三年九月東京電子宣布與美國應用材料公司合併，但是又於二〇一五年四月取消業務合併計畫。

耐諾公司（Nanometrics Incorporated）創立於一九七五年，總部位於美國加州米爾皮塔斯，其自動測量系統產品包括計量光學關鍵尺寸測量、薄膜測量和晶圓應力測量等，用於積體電路、高亮度LED、分立式元件及數據存取裝置製造的程序控制計量和檢測（如光學關鍵尺寸的測量、薄膜工序的控制）。此外，該公司的系統還可用於尺寸和薄膜厚度測量、地型測量裝置、缺陷檢測等工序，以及薄膜光學、電學及材料性質的分析。這些技術集成後，適用於從基板製造到批量的半導體生產，再到晶圓級封裝的應用工藝。

電晶體之間連接電路建構完成後，經過晶圓級測試（Good-Chip/Wafer 檢測，簡稱G／W檢測）和晶圓劃片、外觀檢查、裝片，便進入了封裝測試環節。封裝環節主要包括安放、固定、密封、保護晶片，完成後進行全面的測試。

封裝測試領域的主要企業很多，日月光半導體公司、長電科技等都是重要的競爭者。日月光半導體公司（Advanced Semiconductor Engineering，簡稱 ASE）創立於一九八四年，是全球半導體封裝與測試的領先企業，提供半導體前端工程測試、晶圓探測測試與終端測試等完整的封裝測試服務。台灣的矽品（SPIL）精密工業股份有限公司也是專注於積體電路封裝及測試的企業。

此外，美國艾克爾科技（Amkor Technology）成立於一九六八年，總部位於亞利桑那州錢德勒，也是全球領先的提供半導體封裝和測試服務廠商之一，在全球率先量產了和 TSV/2.5D/3D 技術相關的晶片產品。憑藉技術和規模的雙重優勢，二〇一七年日月光封裝與測試業務營收超過五十億美元，毛利率達二十六．六%，同時研發費用占營收的四．一%，是一個非常重視技術研發的封裝與測試龍頭企業。

10 晶片設計，是門好生意

通常，晶片分為邏輯晶片和處理器晶片。其中，處理器晶片的每個存取單元基本相同，設計難度相對較少。邏輯晶片需要實現各種各樣的功能，因而設計難度相對較大。邏輯晶片又可分為數位晶片和類比晶片，其中數位晶片基本上採用二進位，因而可以採用EDA等設計工具開發；類比晶片則類比圖像、聲音、溫度等真實生活中的現象，很難採用標準化的設計工具，因而往往需要「十年磨一劍」的設計工程師努力才能造就。在類比晶片中，射頻晶片又是其中較難完成的設計，往往需要大師級的工程師磨練多年才能掌握精髓。在今天，無線通訊已經普及，其中廣泛

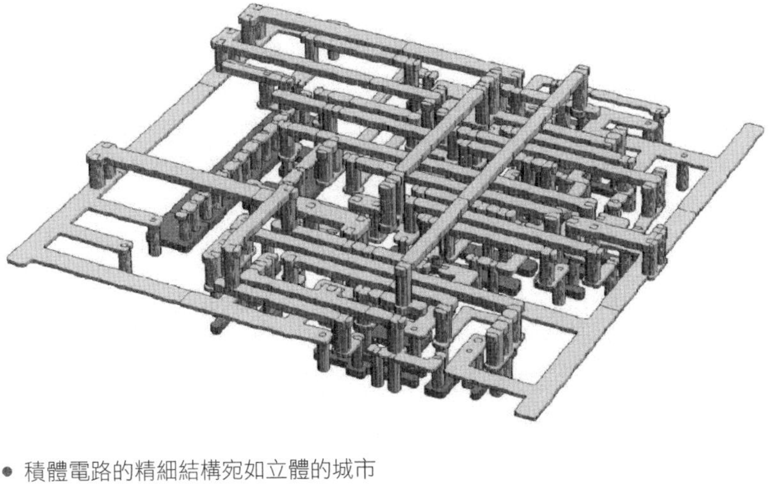

● 積體電路的精細結構宛如立體的城市

應用的便有射頻晶片。

核心知識產權掌握在自己手中，才能掌握主動權

在晶片設計中，高通、博通、蘋果、三星、AMD、海思半導體、展訊、邁威爾（Marvell）、聯發科等企業在不同細分應用領域，形成了獨具特色的競爭優勢，其中的成功者大多涉足了射頻晶片領域。只有把關鍵技術、核心知識產權掌握在自己手中，才能真正掌握企業競爭和發展的主動權。

高通成立於一九八五年，一九八九年推出用於無線和數據產品的CDMA技術，由此向無線通訊領域大步進軍，並形成了知識產權經營特色，在全球的通訊晶片領域形成了優勢。比高通的商業模式更值得參考借鑒的是，高通創始人艾文．雅各斯（Irwin M. Yacobs）早在二十世紀六〇年代，便提前布局CDMA研發，這才成就了後來的高通。

安華高科技（Avago Technologies）是設計、研發類比半導體設備的供應商，原本是一九九九年從惠普公司分拆出來的安捷倫科技的半導體事業部，並於二〇一五年五月以三百七十億美元收購了博通公司（Broadcom Corp.），增加了高性能設計和集成方面的實力。此前，博通作為全球最大的晶片設計企業之一，產品為有線和無線通訊半導體，目前也是全球最大的WLAN晶片

廠商。博通產品實現向家庭、辦公室和移動環境以及在這些環境中傳遞語音、數據和多媒體，博通為計算和網路設備、數位娛樂和寬頻接入產品，以及移動設備的製造商提供業界最廣泛的、一流的單晶片系統和軟體解決方案。

用創新思維謀劃發展，靠創新實踐推動發展，在蘋果公司發展上體現得淋漓盡致。蘋果公司由賈伯斯於一九七六年創立，一九七七年推出了世界第一台個人電腦。一九九七年，賈伯斯再次回到蘋果公司擔任董事長，二〇〇一年推出 iPod 數位音樂播放機風靡一時，二〇〇七年推出 iPhone 引領了智慧手機時代，二〇〇八年推出當時最薄的筆記型電腦 MacBook Air，二〇一〇年推出了 iPad 以及蘋果手機中的巔峰之作 iPhone 4。二〇一一年賈伯斯逝世，此時蘋果已經再次回到了巔峰時期。

賽靈思（Xilinx）創立於一九八四年，總部位於美國加州聖荷西，是現場可程式邏輯閘陣列的引領者，也是全球完整可程式邏輯解決方案的領導廠商。賽靈思的矽片、軟體、知識產權模組、入門套件等產品屢獲殊榮，為航太、國防、汽車、消費電子、工業、通訊等領域多種終端市場提供應用，並大大縮短了產品的上市時間。在二十八奈米時代，賽靈思提出了「全程式設計」（All Programmable）的概念，從單一的FPGA廠商戰略轉型為「全程式設計FPGA」、系統級晶片和三維積體電路（3DIC）的領先廠商，提供可程式設計系統級晶片與三維積體電路、軟體設計工具與可程式設計邏輯裝置、目標參考設計、列印電路板、知識產權模組和協力廠商驗證，以及設計服務、客戶培訓、現場工程與技術支援等服務。通過ＦＰＧＡ、SoC和3DIC系列的可程式設計器件組合與開發模型，賽靈思的解決方案覆蓋５Ｇ通訊、嵌入式視覺、工業物聯網和雲端運算所需的各種智慧控制、互聯和差異化應用。

創造條件把源頭思想變成實實在在的產業技術，需要發揮充分協同的能量，突出發展目標的主體框架，激發各組成單元的積極性，理順知識產權的產生、所有和使用機制，面向實際尋找突破口。隨著晶片設計的發展，知識產權模組（ＩＰ核）業務應運而生。在ＩＰ核業務中，專注於基於精簡指令系統計算結構的ＲＩＳＣ晶片設計開發的安謀（ＡＲＭ）是代表。ＡＲＭ的前身為艾康電腦（Acorn），於一九七八年在英國劍橋創立。次年，美國加州大學柏克萊分校的大衛·派特松（David Patterson）教授提出了精簡指令系統計算結構的ＲＩＳＣ晶片的構想，主張硬體應該專心加速常用的指令，較為複雜的指令則利用常用的指令去組合，這為後來ＡＲＭ的發展埋下了種子。一九八五年，艾康電腦研發出採用精簡指令集的新處理器，並將其命名為ＡＲＭ（Acorn RISC Machine）。艾康電腦曾在二十世紀八〇年代與蘋果合作開發新版的ＡＲＭ內核。一九九〇年，在獲得蘋果公司和ＶＬＳＩ科技的資助後，艾康電腦成立了獨立子公司，從事低費用、低耗能、高性能晶片的研發。二〇一六年七月，軟銀（SoftBank）以兩百四十三億英鎊收購ＡＲＭ公司。

知識產權的商業模式

在整個二十世紀九〇年代，英特爾占據了CPU領域的絕對主導，而此時葛洛夫已在CISC晶片和RISC中選擇了前者，這客觀上為ARM的發展提供了空間。ARM公司於一九九一年將架構授權給英國GEC Plessey半導體公司，於一九九三年授權給淩雲（Cirrus Logic）和德州儀器。當時，ARM、諾基亞和德州儀器合作開發了十六位元的Thumb指令集，創建了ARM/Thumb的系統級晶片商業模式。一九九七年，ARM發布ARM9架構時，從普林斯頓結構轉向了哈佛結構，使原先的三級指令流水線提高到五級，最高的時鐘頻率達到220MHz。次年，ARM10內核推出時已使用了六級流水線結構，改進了高速緩衝記憶體，對乘法指令進行最佳化，並增加浮點運算。

儘管ARM10的性能已經大大提升，但是英特爾在ARM內核架構基礎上已經擴展形成了Intel X Scale處理器。X Scale處理器的最高運算頻率達到了1.25GHz，面向的應用領域包括可攜式裝置、網路設備、工控、嵌入式應用。儘管X Scale處理器具有高性價比、低耗能等特徵，但其目標市場定位並不精準：在當時的通訊設備細分市場中，英特爾在與博通、邁威爾、飛思卡爾的競爭中並無網路通訊及協定方面的知識儲備；在當時的手持設備細分市場中，德州儀器、瑞薩等已有成本、性能等競爭優勢，與之相比X Scale處理器的性價比較低；在當時的自動提款機

（ATM）、POS機，以及工業控制領域中，X Scale處理器的成長空間不大。在巨額虧損後，英特爾將X Scale處理器業務出售給邁威爾。

ARM的模式與葛洛夫當時選擇CISC獲得特許經營利潤來源，有異曲同工之處。在ARM處理器架構授權的過程中，每個廠商得到了獨一無二的ARM相關技術及服務，包括電路圖、抽象類比模型和測試方法、協助設計整合和驗證服務等。在授權費用上，ARM公司的授權費根據內核架構而定：更高效能的ARM內核架構，授權費也更高。在授權合同上，ARM公司在與其簽署售價、傳播性等方面的授權條款的同時，也會包括內核的整合硬體描述和編譯器等軟體發展工具。不過，與英特爾的區別在於，ARM公司本身並不靠自有的設計來製造或出售CPU，後者由被授權方完成。

具體來說，ARM在知識產權授權模式中，一次性技術授權費用（通常為數百萬美元）和版稅抽成（通常在一%至二%）是主要收入來源，實施方式包括處理器授權、處理器優化包（Processor optimization pack，簡稱POP）授權和架構授權三種。其中，處理器授權是指授權合作廠商使用ARM設計好的處理器，被授權方不能改變已有設計，但可以根據需要調整頻率和耗能等參數。處理器優化包授權是處理器授權的高級形式，被授權方可以在特定工藝下設計和生產優化的處理器。架構授權則允許合作廠商使用架構，根據需求設計處理器晶片。

各大晶片設計廠商從ARM公司購買其所設計的ARM微處理器核，並根據自身定位在細分領域發展時加入適當的週邊電路，建構符合自身定位的微處理器晶片進入市場。在這種合作共生的生態中，ARM公司快速主導了全球精簡指令系統計算結構微處理器標準，而其客戶則可將ARM內核整合到他們自行研發的晶片設計中，相對較快地切入市場。至今，已有英特爾、IBM、博通、高通、華為、英飛凌、意法半導體、德州儀器、三星、LG、富士通、日本電氣、恩智浦、索尼等上百家企業與ARM公司簽訂了技術使用授權合約，而微軟等知名軟體企業也成為了ARM的合夥人。對於ARM的用戶來說，儘管不能再次出售ARM架構本身，但是在這基礎上開發的晶片元件、完整系統等可以任意出售。

在整個授權體系中，垂直一體化製造商和設計公司可以借助可融合的寄存器傳輸級（Register Transfer Level，簡稱RTL）來實現架構上的最優化：數位系統各模組間的資訊傳輸，以及模組內部各子模組之間的資訊加工、存取與傳輸操作，不能用組合電路和時序電路中採用的方法進行描述，必須採用更高級的描述方法，寄存器傳輸級語言便是該方法，用於在系統要求與硬體電路間建立對應的關係。由於寄存器傳輸級語言能簡明、精確地描述系統內資訊的傳送和處理，因而ARM的用戶可以在完成額外的設標（如高振盪頻率、低能量耗損、指令集延伸等）時，不會受限於無法變更的電路圖。

相比於英特爾的架構，ARM架構除了效率、耗能方面的優勢外，可以授權給客戶開發多元化的晶片產品，形成的「開源」模式更適合複雜的應用場景。從這個角度看，物聯網時代的複雜網路、繁多設備更需要類似的「開源」架構。這也可以解釋，ARM公司為什麼逐步將發展重心轉移至智慧汽車、數據中心，以及物聯網等領域，推出MBED物聯網設備平台等產品，以提供基於常用平台和生態系統的開放式標準。

在ARM的「同行」中，MIPS科技公司也是知名的知識產權模組企業，在知識產權模組經營中也占據領先優勢，全球客戶達數百家，範圍涵蓋數位消費、寬頻、無線網路和可攜式設備等。在通用處理器方面，MIPS的R系列微處理器可用於構建SGI的高性能工作站、伺服器和超級電腦系統。在嵌入式處理器方面，MIPS的K系列微處理器可用於遊戲機、分享器、雷射印表機等領域。

電子設計自動化工具，量身打造

對於晶片設計企業而言，除了採用知識產權模組外，電子設計自動化工具也必不可少。隨著晶片的研發成本的不斷提升，電子設計廠商已經越來越多地為設計公司提供客製服務，這也使得電子設計廠商的整合在不斷上演。明導國際（Mentor Graphics）、新思科技（Synopsys）及益華電腦（Cadence）是三大主要供應商。

新思科技於一九八六年創立，在發展歷程中不斷地通過併購獲取新技術、完善產品線，直到提供從前端到後端的整個設計流程服務。新思科技的邏輯綜合工具「設計編譯器（Design Compiler）」是其核心產品，該產品與行為綜合、硬體描述語言模擬器及電晶體級電路模擬器等產品，主要應用於專用積體電路的開發，用於協助邏輯設計的運行調試。益華電腦起步於二十世紀八〇年代，以一九八三年第一台工作站平台Apollo開發為起點，逐步成為涵蓋從硬體描述語言（或圖形輸入工具）到邏輯模擬工具、從邏輯綜合到自動布局布線系統、從物理設計規則檢測（DRC & ERC）和參數提取（LVS）到晶片的最終測試的幾乎所有工具。明導國際與益華電腦的產品線類似，在設計的各個層次都有其開發工具。

隨著技術的不斷發展，電子設計廠商為設計企業所提供的服務越來越個性化。例如，益華電腦的架構分析師認為5G技術的發展「關乎容量和延遲……關乎能以多快的速度獲取大量資料。它的另一個好處是，由於是一個動態系統，所以它可以不必占用整個頻道或多個頻道的頻寬。這有點像頻寬點播，取決於應用對頻寬的需求。這樣，它比上一代標準更加靈活，容量也高得多」。

「對於5G和物聯網，隨著我們開發具有更高吞吐能力的802.11標準，以及ADAS所取得的進展，我們正在努力通過轉向更小的工藝節點來降低耗能、降低成本、縮小尺寸並提高產量。考慮到在射頻中會遇到的問題，隨著節點越來越小，晶片變得越來越小。為了使晶片變得更小，必須採用更小的封裝，但這對射頻設計不利。在模擬方面，我並不擔心布局的分散式效果。金屬部分在所有頻率上都有電阻。如果是射頻效應，這就是一條不同傳輸線，具體取決於發送的頻率。現在，我正在把所有東西做得更加緊密，而且這種情況發生的時候，其耦合指數呈指數增長。隨著節點越來越小，這些耦合效應會越來越明顯。工藝節點的持續縮小也意謂著偏置電壓更小，所以雜訊的影響會更大，因為沒有在更高的電壓下偏置器件。在較小的電壓下，相同能量的雜訊影響更大。可見，在5G這樣的系統中會出現許多新問題。」

對於5G的三大應用場景增強移動寬頻、海量機器類通訊和超可靠低時延通訊而言，其所用以有效承載所有不同的流量類型提升，以及未來在商業應用中靈活地升級和擴展，都意謂著新的客製化設計——性能、耗能和可靠性的不同維度，意謂著每個細分場景有其不同的限制條件；對於部署在核心網路或雲端的設備而言，它與其他部署的設備對晶片架構又有所不同。

11 高科技世界裡的隱形冠軍

在垂直分工的鏈條中，積體電路產業存在著很多的「隱形冠軍」。「隱形冠軍」一詞由德國管理學家赫爾曼．西蒙（Hermann Simon）提出，其著作《隱形冠軍》（*Hidden Champions*，天下雜誌出版）和《定價聖經》（*Power Pricing*，巨思文化出版）均是暢銷全球的管理學經典著作。一九八六年，時任歐洲市場行銷研究院院長的赫爾曼．西蒙在杜塞爾多夫遇到哈佛商學院教授西多爾．利維特。利維特問西蒙：「你有沒有想過：為什麼聯邦德國的經濟總量不過美國的四分之一，但是出口額高居世界第一？哪些企業對此所做的貢獻最大？」在研究了這一課題後，他發現德國的西門子、戴姆勒——賓士等巨頭在國際競爭中並無明顯優勢，答案就在德國的卓越中小企業當中。

後來，西蒙對四百多家卓越的中小企業進行了研究，提出了「隱形冠軍」的概念：這些企業在其利基市場（niche）遙遙領先同行，有的全球市場份額甚至在九十%以上；但是，因為這些企業從事的細分領域較少為人所知，再加上自身的專注、低調，因而「隱形」於大眾視野。

你很少聽過他們的名字，但他們的技術領先世界

根據《隱形冠軍》的標準，隱形冠軍有三條衡量標準：細分市場中的絕對領先地位、年銷售額不超過十億以及公眾知名度低。

對於積體電路的產業鏈而言，在產業鏈的配套分工領域中存在著不少極為專業的原材料、生產設備和組件的企業。由於積體電路已深刻影響著我們的生活，而產業鏈分工的企業產品也不僅局限於積體電路這一個產業，因而《隱形冠軍》書中提到的三條衡量標準，或許並不完全適用於產業鏈上的分工配套企業，但是這些企業也與「隱形冠軍」的標準有一定的契合度：行動迅速、市場集中、技術專業。他們了解自己的優勢，並且熟練、持續、專業地運用這些優勢，塑造其在全球積體電路產業鏈中的競爭力。

從原料到產品，這些工藝的源頭是矽的提純、矽錠製備，在切割成的矽晶片研磨後，需要塗抹光刻膠、紫外線曝光、溶解光刻膠，再經刻蝕、離子注入、絕緣層處理、銅層沉澱和互聯銅層的建構等工藝，而後形成晶圓切片，最終經封裝測試形成晶片產品。整個鏈條中的每一環節都十分精密，存在很多極具科技含金量的公司，例如光學元件領域的卡爾蔡司、光罩製造領域的福尼克斯、探針卡供應領域的福達電子（Form Factor）和凱斯科德（Cascade Microtech）、光纖雷射器製造領域的ＩＰＧ光電（IPG Photonics）、雷射系統設備供應領域的ＥＳＩ、半導體度量設備

生產領域的耐諾（Nanometrics）等。這些企業深刻地影響著積體電路產業的發展。

以封裝測試的裝備廠商為例，以美國的泰瑞達（Teradyne）、日本的愛德萬（Advantest）為代表的測試設備市場占有率最高。其中，泰瑞達半導體測試業務涉足數位晶片、射頻晶片、類比晶片、功率半導體、混合訊號和存取裝置、平板電腦、智慧手機、電腦、遊戲系統等，產品系列包括J750、Flex、Ulflex、Elle和Migum等。日本愛德萬測試公司成立於一九五四年，一九七二年涉足半導體測試領域，二〇〇三年推出業內第一部採用開放式半導體模組化測試架構（open-star）的系統級晶片測試機，可為客戶適應未來發展而擴展、延長測試系統使用期限、降低持有成本。愛德萬的產品包括SoC高速混合訊號測試系統、Memory測試系統、LCD Driver測試系統、動態測試機械手等。

在封裝測試領域的更細分領域中，還有諸多其他的供應商。福達電子公司是專業從事積體電路探針卡的設計、開發、製造、銷售和服務。一九九三年，原IBM的研究員埃格・坎卓斯（Igor Khandros）帶領團隊在紐約的一個實驗室裡開始研發積體電路產業的配套產品，他的團隊發展了引線鍵合技術。這是一種使用細金屬線，利用熱、壓力、超音波能量使金屬引線與基板焊盤緊密焊合的技術，實現了晶片與基板間的電氣互聯和晶片間的資訊互通。在理想控制條件下，引線和基板間會發生電子共用或原子的相互擴散，從而使兩種金屬間實現原子量級上的鍵合。引線鍵合是封裝、探針卡等所需的基礎技術，福達電子的探針卡產品主要用於晶片測試，即測試半導體晶片上的晶圓裸晶，可測量的晶片包括LPDDR2、LPDDR3、LPDDR4、DDR、DDR2、DDR3、DDR4、SDRAM、PSRAM、繪圖動態記憶體、NOR快閃記憶體、PCM、NAND快閃記憶體處理器晶片，以及串接元件、晶片組、微處理器、微控制器、圖形處理器、移動雷射元件、類比及混合訊號元件等系統級晶片的元件。

凱斯科德創立於一九八三年，總部位於美國奧勒岡州，是全球電子測量系統的供應商，測試產品包括獨特的探針卡、測試插座和ATE接觸器等，可降低高速及高密度晶片的製造成本。凱斯科德製造公司於一九九四年發明Pyramid Probe®，二〇〇七年發布業內首個晶圓功率器件特性分析系統Tesla，二〇〇八年發布業界首款完全集成的閃爍雜訊測量系統Edge。同時，經過一系列的併購（例如從Aetrium收購Reliability Test Systems業務、收購ATT Systems GmbH）後，凱斯科德已成為該領域的領先者之一。

庫力索法半導體（Kulicke and Soffa）創立於一九五一年，研發和製造半導體組裝設備和用於半導體封裝及測試的耗材，客戶包括半導體製造企業、封裝測試廠、汽車電子等電子設備製造商。其中，庫力索法半導體封裝所需焊針、晶圓切割所需刀片較具特色，並在其核心產品球焊線的基礎上，增加了貼片機、楔焊機等解決方案。在其產品中，球式焊接機用於鍵合焊盤與其封裝上的引線連接，晶圓級接合機用於倒裝晶片組裝，楔形焊接機用於功率混合電路和汽車模組的封裝。科休半導體提供測試處理、燒錄及散熱解決方案，製造和銷售半導體測試用處理機、微機電系統測試模組、測試接觸器和熱子系統等。

電子氣體的配套

在整個積體電路的產業鏈中，還有其他的一些配套企業同樣提供著高品質、高可靠性的專業服務。例如，沉積、刻蝕、光刻、摻雜、退火、清潔等工序都離不開電子級化學氣體，德國林德集團、法國液化空氣、美國空氣化工和普萊克斯、日本大陽日酸株式會社是該領域專業的服務商。國內企業則從電子特種氣體前驅體、刻蝕氣體和清洗氣體領域切入，正在開啟細分領域的進口替代征程。

這些企業的服務範圍往往不局限於電子產業，但是其在積體電路產業鏈所需的氣體服務中卻十分專業。在五大企業中，聯華林德由全球第一家空氣分離企業——德國林德集團與台灣聯華實業公司聯合成立，為積體電路、發光二極管和太陽能等產業提供了大宗氣體（氧氣、氮氣、氫氣、氦氣）和電子級特種氣體的組合服務，服務內容既包括電子氣體相關設備，也包括管理解決方案。林德服務不僅能為客戶提供客製，還實現了快速回應的解決方案。

法國液化空氣集團成立於一九〇二年，是世界上最大的工業氣體和醫療氣體以及相關服務的供應商之一，提供氧氣、氮氣、氫氣和其他氣體，以及氣體相關的服務。二〇一七年，液化空氣與中國大陸、日本及新加坡的重要電子業製造商簽訂了多項新長期合同，在這些國家投資逾一．五億歐元，為客戶的新工廠提供超純載氣，助其製造消費類電子產品和移動設備所需的積體電路、記憶體、圖像感測器和平板顯示器。超純氮氣等載氣，直接應用於晶片與顯示器製造工藝，並用於營造超淨的氣體環境以保護製造工具。

美國空氣化工公司創立於一九〇四年，是全球最大的工業氣體供應商之一，客戶包括IBM、英特爾、東芝、三星等。二〇一六年，該公司總投資約一．二億美元的計畫在南京浦口經濟開發區簽約，計畫為台積電等積體電路企業提供普通空氣氣體產品（氧氣、氮氣和氬氣等）、特種氣體（氦氣、氫氣等），電子級特種氣體和相關管網設備等高品質的氣體產品。

第 2 部

下一刻，風雲變色

產業格局與競爭策略

權，然後知輕重；度，然後知長短。

——孟子

清晰地洞察產品發展的時代風雲，才能準確地把握前進方向。

早期，基爾比和諾伊斯幾乎在同一時期發明了積體電路，推動了從「發明時代」進入了「商用時代」，而光刻技術和ＣＭＯＳ技術的發展則標誌著積體電路的製造技術快速發展時代的來臨。二十世紀六〇年代和七〇年代，隨著摩爾定律的提出和英特爾的創建，積體電路的發展進入了快車道。

最早的ＣＰＵ與世界第一台微電腦「牛郎星」

一九六〇年，積體電路還處於「分立元件、小規模積體電路」時期，電晶體數量約為數十個。一九六六年，積體電路已發展到中等規模的集成，電晶體數量約為數百個。一九七〇年，積體電路發展至大型積體電路時期，電晶體數量從幾千個到幾萬個不等。一九八〇年，超大型積體電路已經得到發展，電晶體數量已超過十萬個。

一九九三年，特大型積體電路的電晶體數量已超過千萬個，而一九九四年巨大型積體電路集成的電晶體數量已超過億個，此後積體電路沿著摩爾定律的路徑發展至特大超大型積體電路。其間，積體電路的發展伴隨著多次轉型。在這些發展中，早期英特爾的處理器開發留下了濃墨重彩的一筆。

一九六九年，英特爾的第十二名員工霍夫受到時任英特爾總裁諾伊斯的青睞。霍夫提出了一個構想：能否開發微型的通用電腦晶片？但是當時大多數人並無興趣，在當時人們的心中，電腦就應該是大型設備。

但是霍夫並沒有放棄，他以PDP——8為基礎描繪了通用晶片的雛形：通過晶片集成度的提升，使功能得以增強，以積體電路的指令集為輸入訊號，以資料為輸出訊號。在設計中，霍夫充分利用了電腦科學之父、人工智慧之父阿蘭・麥席森・圖靈（Alan Mathison Turing）和現代電腦創始人之一馮諾曼的思想，從記憶體中讀取指令並執行指令，將完成計算功能的程式永久地儲存於記憶體中，使微處理器只運行程式，從而為微型電腦的開發埋下了種子。

一九七一年十一月十五日，英特爾發布世界第一塊大型積體電路Intel4004，其中第一個「4」代表客戶訂購的產品編號，後一個「4」代表英特爾公司製作的第四個訂製晶片。Intel4004集成了兩千多個電晶體，該晶片與程式記憶體、資料記憶體等已能構成完整的微型電腦。

一九七三年，英特爾推出集成四千八百個電晶體的八位元微處理器及其改進型號8080，並用於世界第一台微電腦「牛郎星」，開創了積體電路發展的新征程。謙遜、低調的霍夫說：「如果我們沒有在一九七一年發明4004微處理器，那麼別的什麼人也會在一兩年裡發明它。」然而，透過霍夫的成長經歷，便可以發現他與第一塊大型積體電路的「緣分」並非偶然。

一九三七年十月二十八日，霍夫出生於美國紐約州，他的父親是通用鐵路訊號公司的一名電氣工程師，這使得年少的霍夫對電學產生了濃厚的興趣。霍夫當時對《聯合收音機目錄》一書愛不釋手，後來在倫塞勒理工學院攻讀電子工程的學士學位，其畢業論文題目是「電晶體中的電流轉換方式」。後來，霍夫在

● Intel4004

史丹佛大學攻讀電子工程碩士和博士，其間對電腦產生了濃厚興趣，並在 IBM1620 機上完成了第一次程式設計。一九六二年，霍夫在完成了博士論文《適應性神經網路中的學習現象》後畢業，直到進入英特爾前一直在史丹佛繼續從事研究工作。

一九六八年，英特爾成立後，諾伊斯親自打電話，邀請霍夫加盟。那一年，著名導演史丹利·庫柏力克（Stanley Kubrick）花四年時間製作的巔峰之作《2001 太空漫遊》（*2001:A Space Odyssey*）上映。這是一部美國電影史上里程碑式的科幻片，當時電影中的時間已經穿梭到了二〇〇一年，人類為尋找黑石的根源展開木星登陸計畫。木星登陸計畫的飛船上載有船長大衛、飛行員法蘭克以及高智慧電腦「HAL9000」。在宇宙飛行過程中，HAL9000 得了妄想症發生錯亂，令法蘭克和三名冬眠人員相繼喪命，最後從死亡線上回來的大衛一氣之下關掉主機系統後，HAL9000「死亡」。最後，大衛在茫茫宇宙中，獨自一人向木星進發。

巧合的是，歷史上的二〇〇一年正是英特爾的第一塊大型積體電路問世三十年，為此英特爾舉辦了「慶祝ＣＰＵ誕生卅周年」的紀念活動，他們回憶說發明ＣＰＵ受了《２００１太空漫遊》的啟發：「一九六八年的電影迷為ＨＡＬ如癡如醉，它在科幻片中的表現令世人著迷。即使是這部超前的傑出影片，也沒有預測到個人電腦及網路技術發展如此之快，今天的一切對那個時代的人來說都是不可想像的。」「在那部影片上映後不久，我們公司的工程師霍夫就發明了４００４型ＣＰＵ，它是為日本計算器廠商設計的——它奠定了個人電腦發展之路的基礎。」

英特爾說到的日本計算器廠商訂單，始於一九六九年六月二十日，當時霍夫在矽谷與從東京來的日本工程師會面。在與日方的討論中，霍夫認為日本工程師提出的六套晶片設計方案都過於複雜，他曾回憶說：「我凝視著ＰＤＰ——8型計算機，凝視著客戶的設計方案。我納悶，他們這種計算器為什麼要搞得這麼複雜？」後來，霍夫有了靈感——把「倉庫」、「工廠」和組件都放在一塊晶片上，這樣既簡單又成本低。然而，日本工程師卻並不認同：「離遠點，別打擾我們。我們知道自己在做什麼。」

在諾伊斯的支持下，霍夫開始了微處理器的研發之路，並說服從仙童半導體過來的斯坦·馬佐爾（Stan Mazor）與其合作研發。在研發中，霍夫認為晶片組的結構才是關鍵：「真正的關鍵不一定是元件的數目，而在於組織、結構概念。你拿來一台通用計算機，並把它造在一個晶片系統上。」一九六九年十月，在看到霍夫的設計方案後，日本企業被說服了。不過，一九七一年初在收到Intel4004產品時，計算器的市場價格已經下跌，日本企業要求重新協議價格。在談判中，日本企業放棄了對「４００４型」晶片的獨占權，霍夫興奮不已，對銷售人員說「謝天謝地！你們從客戶那裡要回了將４００４型賣給其他客戶的權利」。

不過，由於當時微型電腦的概念還很難為人所理解，一開始英特爾自身的銷售部門也並不看好微處理器的市場。「人們習慣認為電腦是一種巨型而昂貴的裝置，因此一定要保護它，看守它，小心對待它，高效率地使用它，才划算，才值得。」

在霍夫等人的努力下，英特爾才逐漸將微處理器開發出來。一九七三年問世的「8080型」微處理器首次使用了金屬氧化物半導體（MOS）工藝技術，在市場上廣受好評，為微型電腦的發展鋪平了道路，而8080也成了工業標準。霍夫本人曾說：「我對微處理器在個人電腦中的應用也感到非常驚訝。我沒有想到人們會僅僅為了業餘的愛好而買微機，隨著影像遊戲機的發展，個人電腦成為人們又一種娛樂工具。任何一位發明家如果能夠創造出什麼來提供給人們娛樂，他就能獲得成功。」

對於Intel4004，摩爾認為，這是人類歷史上最具革命性的產品之一。葛洛夫後來曾評價道：「這款微處理器在當時代表了英特爾產品的未來，但在最初上市的十五年，我們根本沒有意識到這一點。最終，這款微處理器成了英特爾商業領域的標誌性產品。」後來的發展證明，標準更高、要求更嚴的產品，才是加快研究和掌握核心技術、把握全球競爭先機、引領全球競爭的關鍵。

第一塊FPGA，奠定無晶圓廠設計公司的基礎

一九八四年，賽靈思發明了第一塊FPGA。FPGA可以自行定義模式，這改變了傳統積體電路的開發和驗證的模式，為無晶圓廠的設計公司發展奠定了基礎。

與此同時，晶圓代工廠模式正在台灣探索。

一九八七年，台積電建立的那一年，大智、矽統、揚智等大批晶片設計公司成立，「Fabless＋Foundry」模式得以確立。在垂直分工的要求下，無晶圓廠設計公司專門從事積體電路設計，大批沒有製造能力的晶片設計公司不斷湧現，台積電等企業得到了發展。

此時，微處理器和專用積體電路逐漸取代了通用集成硬體大型積體電路，提高了系統的可靠性與通用性。ＡＳＩＣ更快速、靈活的開發特性，使其得到越來越多的用戶青睞，而晶圓製造廠的發展則助推了其模式的確立。後來，總的來說，基於光罩方法和現場可程式設計方法的ＡＳＩＣ製作快速發展，可程式設計邏輯器件——ＰＬＤ尤其是現場可程式設計邏輯器件——ＦＰＧＡ被大量地應用在ＡＳＩＣ的製作當中，電子設計自動化ＥＤＡ技術應運而生。

二十世紀九〇年代，隨著電腦和互聯網的發展，美國民用積體電路的市場比重才得以迅速擴展，而英特爾、德州儀器等企業也藉此契機鞏固了其全球市場地位。在此之前的一九八九年底，美國在與日本的動態記憶體競爭中落敗後，組建了「國家半導體諮詢委員會」，力求發展高附加價值、創新性強的積體電路產品，加上美國半導體製造技術科研聯合體（Sematech）的組建，以及美國企業果斷的戰略轉型，美國的積體電路產業再次騰飛。

在此次轉型中，美國的積體電路企業放棄了競爭激烈的動態記憶體晶片領域，以各種門電路、組合電路、觸發器、計數器等組成的數位積體電路等高附加價值為重點，其源頭創新優勢再次得到了發揮。其間，以二十世紀九〇年代美國柯林頓政府實施的「資訊高速公路」計畫為代表，美國政府在下游市場激勵等方面的措施，對美國積體電路的發展起了推波助瀾的作用。

二十世紀九〇年代中期，在積體電路向集成系統轉變的大方向下，系統級晶片研發成功，數位積體電路設計者將採集、轉換、存取、處理和輸入／輸出（Ｉ／Ｏ）等多種功能集成到單個矽片上，而這些功能單元則由可重複使用的知識產權模組組成。系統晶片能夠提高半導體器件的電性能，改善系統的可靠性，降低大多數應用所需的印製電路板（ＰＣＢ）面積，成為業界的共同選擇。

在系統級晶片的開發中，實現手段可分為軟核實現（在數位積體電路中採用下載ＩＰ核的方式嵌入軟核處理器）和硬核實現（在數位積體電路中嵌入硬核處理器）。SoC內部單元在設計時都是以知識產權模組的形式集成在一起，大量複雜的ＩＰ需要投入大量的時間和精力才能開發，因而一批專業提供積體電路知識產權模組服務的企業應運而生。在這些企業中，典型的如ＡＲＭ公司，其發展加快了產品設計的速度，縮短了產品的上市時間。

二十一世紀以來，英特爾提出的「鐘擺戰略」模式、光刻機的發展等延續了摩爾定律的發展路徑。與此同時，在半導體產業增速趨緩、先進工藝研發費用提升與大規模晶圓廠投入加大的背景下，一批垂直化企業投入了不以加工為主業的「輕晶圓廠」模式，其間的合作也日漸增多。其中，德州儀器、瑞薩、意法半導體等逐漸分拆其生產部門，選擇了以「不以加工為主業」模式營運來減少投入、提高利潤。二〇一四年，格羅方德收購ＩＢＭ的微電子業務，更是這一趨勢的延續。可以說，在二十八奈米以下，尤其是十奈米以下，「輕晶圓廠」模式將得到更多的青睞。

二〇一〇年以來，全球的移動通訊和智慧終端機快速發展，積體電路產業迎來了新一輪的發展高潮。此時，儘管不少企業已經涉獵「輕晶圓廠」模式，但是英特爾和三星則始終保有其自有生產線，雖然也涉及代工業務。

由此可見，在積體電路這個飛速發展的產業，產品更新的過程日趨激烈。如果無法準確找到痛點和解決痛點，並最終實現商業目標，就必然錯失發展機遇；錯失發展機遇，不僅僅意謂著競爭力的下降，更意謂著技術差距的不斷擴大。對於一個國家、一個區域、一個企業來說，這或許意謂著時不再來。

2 全球產業重鎮，飄來飄去

百舸爭流千帆競，乘風破浪正遠航。堅持系統思維，統籌國家戰略和市場機制，統籌推進科技、管理、組織、商業模式升級，這也是美國、歐洲、日本和韓國積體電路發展的啟示。

在全球積體電路產業鏈的垂直分工中，源頭創新是積體電路發展的根本動力。在美國積體電路的早期發展中，美國國家科學基金會（NSF）、國防部先進研究計畫局等通過超高速積體電路等專案，對積體電路的研發提供了大量資源。

統計數據表明，一九五八～一九七六年美國

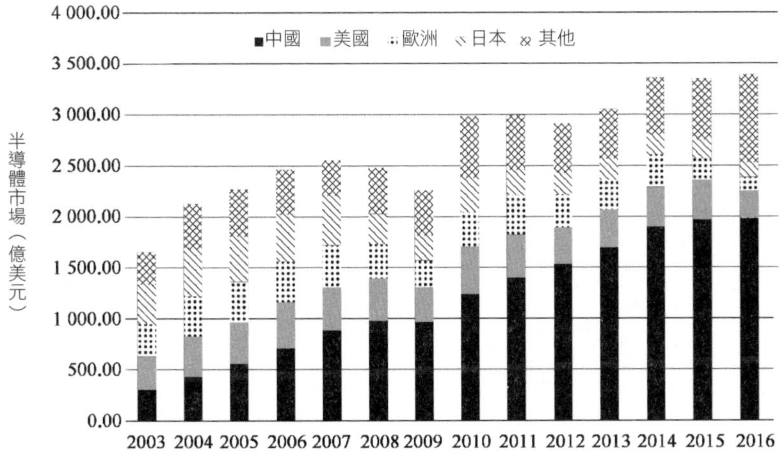

● 全球半導體市場規模

資料來源：國際半導體產業協會（SEMI）

半導體產業研發支出中的四十三％源於政府的財政投入，這成就了美國在積體電路領域的技術優勢。後來，日本、韓國的先後趕超，核心還是技術的自主創新，攻克了精密製造的各個壁壘，實現了材料科學以及氧化、光刻、擴散、外延等工藝技術的有機集成。其中，僅以積體電路所使用的高精密材料為例，日本在光刻膠、濺射靶材、CMP材料、光罩板、電鍍液、封裝基板、引線框架、鍵合絲等方面形成了全方位優勢，為其之後在上游的布局奠定了基礎。

美國東西兩岸的競爭

美國是世界半導體工業的發源地，其中矽谷、德州和波士頓三大地區在早期的發展中較為典型。以矽谷為起點，創業投資在美國得到了快速發展，而美國從一九五八年的《小企業投資公司法》到一九九三年的《信貸擔保法案》等推動和規範創業投資發展的法律出爐，則進一步保障了美國的創業投資和積體電路產業的發展。

同時，國防需求作為積體電路發展的原動力，催化了美國積體電路產業的早期發展。在早期階段，美國軍用積體電路市場占比高達百分之八十以上，甚至直到二十世紀九〇年代初期軍用市場仍然占總市場的約百分之四十。

矽谷的創業投資和產業群聚發展歷程，可以追溯至一九三九年。那一年，史丹佛大學的教授弗雷德里克・特曼（Frederick Terman）在大學裡選擇了一塊空地，鼓勵學生在此「創業投資」（Venture Capital，當時的模式與後來的「創業投資」有一定的區別）。由此，特曼的學生威廉・休利特（William R. Hewlett）和大衛・帕卡德（David Packard）在車庫裡創建了惠普（Hewlett-Packard）。

第二次世界大戰後，特曼回到史丹佛大學當校長，他於一九五一年把部分校園區域劃出成立史丹佛科技產業園，由此創立了全球第一個大學產業園。在仙童半導體發展之時，史丹佛科技產業園已初具規模。

二十世紀六〇年代，在矽谷的創業投資和積體電路初步發展的同時，美國東海岸地區的環波士頓市外緣繞行的一二八號公路兩側已形成微電子、航太、國防等產業領域的企業群聚，被稱為「美國的技術公路」。二十世紀八〇年代前，「一二八號公路」的電子資訊企業數量多於矽谷，再加上大波士頓地區的哈佛大學、麻省理工學院、波士頓大學、東北大學等六十多所高等院校的支持，及其所培養的高水準科學家、工程師和技術人員，「一二八號公路」似乎更有理由發展成為美國電子資訊發展的核心聚落。

由於「一二八號公路」兩側的企業多由麻省理工學院和哈佛大學的教職員工創立，其技術轉移和成果轉化早在第二次世界大戰前便開始，因而其底蘊也在與矽谷的競爭中不落下風。二戰後，隨著美蘇爭霸的到來，美國政府投入巨資進行軍用技術研發，大批訂單湧進了「一二八號公路」和德州地區，「一二八號公路」地區已經成為美國著名的高科技重鎮。

在德州，美國的航太基地設於此，而當時航太科技是新的發展熱點，因而德州儀器發展積體電路也是順理成章的。

事實上，一九八〇年以「一二八號公路」為核心的周邊地區在美國電腦產業的市場份額還占三十四%。在此之前，隨著王安實驗室（Wang Laboratories）等著名企業或研發機構的入駐，「一二八號公路」迎來其在電子資訊領域的高峰期。然而，自此之後，「一二八號公路」在與矽谷的電子資訊競爭中落敗。表面上看，這是因為軍用訂單減少，但其實有更深的時代背景和文化根源。

從時代背景看，當時的個人電腦已經得到了快速發展，以軍用訂單為主的「一二八號公路」更側重於大型電腦的開發，戰略轉型十分困難。事實上，日本當時在動態記憶體領域實現對美國的趕超，也有這方面的原因。

「善其謀而後動，成道也。」戰略轉型之所以困難，有其更深層的文化原因。相比於矽谷的美國西部拓荒「牛仔文化」，大波士頓地區作為美國較早發展的貿易和工業基地，更崇尚「紳士文化」。相對來說，矽谷到處可見權威，卻從不迷信權威，諾伊斯與肖克利的故事便能生動地說明這一點。

在「仙童軍團」的文化薰陶下，諾貝爾獎、圖靈獎和香農獎的獲獎者與初出茅廬的年輕人共事，而年輕工程師則很少會因此而循規蹈矩，企業內部較傳統產業更注重扁平化。

面對這種局面，不少人對此進行了總結和反思。在大衛・蘭普（David Lampe）編輯出版的文集《麻州奇蹟：高科技與經濟復興》（*The Massachusetts Miracle——High Technology and Economic Revitalization*），及其與蘇珊・羅斯格蘭特（Susan Rosegrant）合著的《一二八號公路：關於波士頓高科技社會的經驗與教訓》（*Route 128——Lessons from Boston's High-Tech Community*）中，對「一二八號公路」的興衰進行了反思。

一九九四年安娜麗・薩克瑟尼安（AnnaLee Saxenian）所著的《區域優勢：矽谷與一二八號公路的文化與競爭》（*Regional Advantage——Culture and Competition in Silicon Valley and Route 128*）一書對此進行了更為深入的總結，該書一經發行便「一石激起千層浪」，獲「一九九四年度美國出版界、商界和管理界專業／學術獎項提名」。在書中，薩克瑟尼安發問「為什麼矽谷的產業發展再度繁榮，而麻州一二八地區卻持續衰落？」並給出了答案，「雖然有著相近的歷史和技術優勢，矽谷培育出了既分權又合作的產業制度，一二八地區的企業卻為單兵作戰和自給自足的模式所主導。」

在一百多次的採訪後，薩克瑟尼安認為矽谷鼓勵開放、倡導分權、崇尚變革、寬容失敗、支持冒險，「一二八號公路」垂直整合、強調忠誠、固守威權、缺乏合作、規避風險。因而，創業投資、智力資源、創新技術在矽谷轉化為層出不窮的新企業，「一二八號公路」則故步自封。

矽谷與「一二八號公路」的競爭可謂是美國積體電路研發集群的縮影。與研發相比，美國的半導體製造工廠則相對分散：英特爾在美國的工廠設置於亞利桑那州、新墨西哥州和奧勒岡州，美國唯一擁有動態隨機記憶體工廠的製造商鎂光將工廠設在愛達荷州、猶他州和維吉尼亞州，德州儀器在緬因州和德州設有製造工廠，格羅方德的總部設在加州。

東亞與歐美的競爭

與美國相類似，歐洲積體電路的發展也與其源頭創新的投入分不開。自二十世紀九〇年代以來，歐洲企業在面對東亞晶圓製造能力的競爭中趨弱，取而代之的是以其研發能力為基礎，在積體電路設備、晶片設計、物聯網晶片等領域的細分市場中形成特色。歐洲的特色形成，與其公共研究機構的科技積澱分不開，也與其產業政策密切相關。從公共研究機構的科技積澱來看，歐洲是較早展開半導體研究的地區，比利時的歐洲微電子研究中心、德國弗朗霍夫研究院集成系統與設備技術研究所（Fraunhofer IISB）、法國原子能委員會電子資訊科技研究所等多家研究機構均具備了世界級的研究水準。其中，法國原子能委員會旗下的電子資訊科技研究所是微納技術與應用研發的領先機構，與無線、生物、醫療、光學等業界公司合作開發高端的晶片製造等技術。

在東亞向歐美的趕超過程中，日本率先發力。二十世紀七〇年代，英特爾公司成功研發了通用型微處理器單元，將半導體產品市場從專用型推向了通用型。通用型微處理器單元的研製，在使英特爾公司成為半導體產業領先者的同時，也為個人電腦的發展埋下了種子。

個人電腦發展後，動態隨機存取記憶體需求快速擴展，而日本企業在超大型積體電路計畫的推動下實現了量產和升級。日本在動態記憶體上對美國的趕超，除了技術上的集成研發因素外，還有其更深的市場背景。美國早期的積體電路市場以軍用市場為主，而日本在戰後協定的約束下以民用市場為主。所以，儘管日本的超大型積體電路計畫對準的企業是ＩＢＭ，但是其所對準的下游市場實際上有著本質差異：ＩＢＭ的客戶主要是大型機構的核算和資料處理部門，這些機構往往不需要小型電腦；日本企業在實施超大型積體電路計畫的一九七六～一九七九年，以蘋果為代表的小型電腦開發已經興起，而日本積體電路企業也主要著眼於這類下游市場。

可以說，日本積體電路產業騰飛的起點，源於其在一九七六～一九七九年實施的日本超大型積體電路計畫。

二十世紀八〇年代，日本的處理器晶片快速發展時，一九二九年出生的川西剛從半導體的開發工程師幹起，直至任日本東芝公司半導體事業部的最高負責人。一九八二年，東芝投資三百四十億日圓，由川西剛帶領的團隊開始實施了「W計畫」，三年後東芝量產了1ＭＢ動態隨機存取記憶體，成為當時世界上容量最大的動態隨機記憶體晶片，為日本的積體電路產業開拓國際市場奠定了基礎。

此後，川西剛又協助東芝、ＩＢＭ及西門子的聯盟發展了動態隨機記憶體技術。川西剛後來所著的《我的半導體經營哲學》一書收錄了川西剛的經驗、觀察和專業思考，是研究半導體產業歷史和發展方向的經典之作。

一九八六年，時任東芝公司半導體事業部部長的川西剛，受到三星的邀請參觀其新建的半導體工廠。在回訪中，三星組織龐大的考察團對東芝進行了考察，並挖走了川西剛。此時，三星已在半導體領域有所累積，其在一九八三年建廠前用半年時間蒐集和分析的資訊，已轉化為企業的顯性和隱性知識，而三星對技術和市場也已有了較為深入的理解。

同時，一九八一年韓國發布《半導體工業綜合發展計畫》後，除三星外，現代、LG和大宇也加緊布局，四大集團逐步成為IBM、德州儀器和英特爾的競爭對手，並逐步掌握了動態隨機記憶體的基礎製造能力，其中三星的動態記憶體晶片技術已經達到了64KB（一九八四年）和256KB（一九八六年），與日本的差距正在縮小。川西剛到任後的時期，正值三星在韓國政府支持下的「逆週期投資」開始之時，三星藉此於一九八九年量產4MB動態隨機記憶體，與東芝成齊頭並進之勢。

一九九〇年，美國、日本、聯邦德國、法國和英國政府聯合簽訂的干預外匯市場協定——「廣場協定」（Plaza Accord）已有五年，日圓大幅度地升值，對日本以出口為主導的產業產生相當大的影響。對此，日本從一九八六年起大幅下調基準利率，形成了經濟泡沫。一九九一年經濟泡沫破滅，日本陷入戰後最大的經濟不景氣狀態。作為因應策略，東芝、日本電氣等日本企業大幅降低積體電路投資，並裁撤了多個部門。此前就已崇尚「逆週期投資」的三星自然不會放過機會，以此為契機大量引進日本的技術人員。一九九二年，三星超過日本電氣成為全球最大的動態記憶體生產商，在全面趕超日本企業的道路上越走越遠。

總結這段歷程可以發現，在韓國趕超日本的過程中，除了韓國的「逆週期投資」等戰略因素外，實際上還有更深的時代背景：動態記憶體技術通用後，日本原有的技術研發優勢，為韓國規模經濟下的價格優勢所取代。二十世紀九〇年代中後期，三星的「雙向型數據通選方案」得到美國半導體標準化委員會的認可後，也一步步超越了日本的積體電路業者。

一九八五年，在韓日晶片公司激烈競爭的同時，最早進入美國大型公司最高管理層的華人、德州儀器的張忠謀博士回到台灣，並於一九八七年創辦了全球第一家專業代工生產晶片的台積電。一九九七年，同樣從德州儀器回到台灣的張汝京，則創辦了世大積體電路製造公司（簡稱世大）。台積電和世大均專注於垂直分工鏈中的晶圓代工業務，以其為代表的台灣企業在國際積體電路產業競爭中已經站穩了腳跟。二〇〇〇年，世大的股東中華世大，將世大出售給台積電，張汝京離職。在此之前的一九九九年，川西剛被提名為世大的董事長，後來張汝京在創辦中芯國際時又出任中芯國際獨立董事。

在這一年，美國加州大學的華人科學家胡正明領導的團隊，發明了立體型結構的鰭型電晶體，從此積體電路晶片的製造技術由兩維的平面技術發展成三維的立體技術。此後不久，台積電聘請胡正明出任首席技術長，此後台積電逐步成長為國際鰭型電晶體技術發展的重要力量。三維立體鰭型電晶體技術的發明和發展，解決了當時摩爾定律能否延續的難題，而台積電在國際晶片產業競爭中的實力也因此不斷增強。

二〇〇〇年，張汝京帶著夢想來到中國大陸，在募資十億美元後在上海浦東張江高科技園區，創辦了中芯國際集成電路製造有限公司（簡稱中芯國際）。中芯國際是中國大陸第一家擁有八吋和十二吋生產線的專業晶圓代工廠，二〇〇一年九月二十五日，中芯國際第一片〇．一三微米技術的晶片順利完成，創造了從打樁建廠房到產出第一片晶片只用了十二個月的世界紀錄。

二〇〇三年，剛剛成立不到三年的中芯國際收購了摩托羅拉（天津）的八吋生產線，創造了積體電路製造產業蛇吞象的經典案例。同時，中芯國際還在北京亦莊開發區建造了中國大陸第一條十二吋積體電路生產線，再次創造了歷史。中芯國際在短短三年內，從無到有建立了三條八吋、一條十二吋的生產線，初步完成了基礎生產能力的累積，一躍而成為中國大陸最大、世界四大積體電路晶圓代工企業之一。自此，東亞地區的海峽兩岸、韓國和日本，已成為全球積體電路製造領域的重要群聚地，而東亞地區則成為全球積體電路最大的市場，二〇一七年中國大陸積體電路市場份額已占全球的五十五％以上。

整體上看，儘管二十世紀九〇年代英特爾再次超越了日本企業，伴隨著全球化進程的加快、垂直分工的日益深入，美國積體電路製造向東亞地區轉移的態勢已經顯現，東亞地區的製造能力和市場份額均得到了提升。

3 你趕超了別人，然後別人趕超了你

在積體電路產業，全球範圍內的每一次技術升級都伴隨模式創新，誰認清了技術、投資和模式間的關係，誰才能掌握新一輪發展主導權，在全球競爭中占據更為有利的地位，超大型積體電路（VLSI）計畫便是例證。

日本的積體電路產業發展較早，在二十世紀六〇年代便已經有了研究基礎，發展至今經歷了從小到大、從弱到強、轉型演變的歷史，其中從一九七六年三月開始實施的超大型積體電路計畫是一個里程碑。

日本積體電路的起點

在超大型積體電路計畫實施前，日本的積體電路產業已經有了一定的基礎。作為冷戰時期美國抵禦蘇聯影響的灘頭堡，日本的積體電路發展得到了美國的支持。一九六三年，日本電氣公司便獲得了仙童半導體公司的平面技術授權，而日本政府則要求日本電氣將其技術與日本其他廠商分享。以此為起點，日本電氣、三菱、夏普、京都電氣都進入了積體電路產業。

在日本早期的積體電路發展中，與美國同期以軍用市場為主不同的是，日本在引進技術後側重於民用市場。究其原因，主要是因為第二次世界大戰後，日本的軍事建設受限，在美蘇航太爭霸的過程中日本的半導體技術只能用於民用市場。正因如此，日本走出了一條以民用市場需求為導向的積體電路發展之路，並在二十世紀七〇年代和八〇年代一度趕超美國。日本政府為積體電路的發展制定了一系列的政策措施，例如一九五七年制定的《電子工業振興臨時措施法》、一九七一年制定的《特定電子工業及特定機械工業振興臨時措施法》和一九七八年制定的《特定機械情報產業振興臨時措施法》，加上民用市場的保護，使日本的積體電路具備了一定的基礎。

二十世紀七〇年代，在美國施壓下，日本被迫開放其半導體和積體電路市場，而同期ＩＢＭ正在研發高性能、微型化的電腦系統。在這樣的背景下，一九七四年六月日本電子工業振興協會向日本通產省提出了由政府、產業及研究機構共同開發「超大型積體電路」的構想。此後，日本政府下定了自主研發晶片、縮小與美國差距的決心，並於一九七六～一九七九年組織了聯合攻略計畫，即超大型積體電路計畫，計畫設國立研發機構——超大型積體電路技術研究所。

此計畫由日本通產省牽線，以日立、三菱、富士通、東芝、日本電氣五家公司為主體，以日本通產省的電氣技術實驗室、日本工業技術研究院電子綜合研究所和電腦綜合研究所為支援，其目標是集中優勢人才，促進企業間相互交流和協作攻略，推動半導體和積體電路技術水準的提升，以趕超美國的積體電路技術水準。專案實施的四年間共取得上千件專利，大幅提升了日本的積體電路技術水準，為日本企業在二十世紀八〇年代的積體電路競爭鋪平了道路，取得了預期的效果。

把握世界競爭大勢、研判未來發展方向，需要凝聚力量、統籌協調的專業認知作為支撐。儘管事後看，日本的超大型積體電路計畫實施效果非常理想，但是實施過程卻並不順利。根據前期估算，計畫需投入三千億日圓，業界希望能夠得到一千五百億日圓的政府資助，後來實施四年間共投入七百三十七億日圓，其中政府投入兩百九十一億日圓。其間，自民黨資訊產業議員聯盟會長橋本登美三郎多次努力，希望政府追加投入，但是未能如願。政府投入未及預期，參與企業的士氣受到了一定程度的打擊。當時，參與計畫的富士通公司福安一美說：「當時，大家都有一種被公司遺棄的感覺，而且並未料到竟然研製出向ＩＢＭ挑戰的產品。」投入不及預期，再加上研究人員從各企業和機構間臨時抽調、各行其道，一時間日本的超大型積體電路計畫開發很不順利，不同研究室人員間互相提防、互不往來、互不溝通的現象十分普遍。

此時，垂井康夫站了出來。垂井康夫一九二九年出生於東京，一九五一年畢業於早稻田大學第一理工學院電氣工學專業，一九五八年申請了電晶體相關的專利，是日本半導體研究的開山鼻祖，一九七六年超大型積體電路技術研究會成立時被任命為聯合研究所的所長。垂井康夫在當時的日本業界頗具聲望，他的領導使各成員都能信服。垂井康夫對參與方進行積極的引導，指出參與方只有同心協力才能改變基礎技術落後的局面，在基礎技術開發完成後各企業再各自進行產品開發，這樣才能改變在國際競爭氛圍中孤軍作戰的困局。垂井康夫的努力，很快為研發人員所接受，各家力量得到了有效的整合，而歷時四年的風雨同舟、協同努力成了日本積體電路產業發展的最好推力。

除垂井康夫外，當時已從日本通產省退休的根岸正人功不可沒。當時，超大型積體電路技術研究會設理事會，日立公司社長吉山博吉擔任理事長，但是在真正的執行過程中，根岸正人發揮了很好的協調作用。根岸正人有多年推動大型國家研究計畫的經驗，他對計畫各參與方的能力、利益訴求都頗為了解，在計畫中通過其有效的溝通化解了衝突，為垂井康夫成功地凝聚團隊做了背後的鋪墊。

可以看出，在積體電路的研發攻略中，除了資金和資源投入外，團隊協調和技術融合更是成功的關鍵。從超大型積體電路計畫的組織架構來看，除垂井康夫領導的聯合研究所外，先前成立的兩個聯合研究機構也參與了超大型積體電路計畫，分別是日立、三菱、富士通聯合建立的電腦綜合研究所，以及由日本電氣和東芝聯合成立的日電東芝資訊系統。三個研究所分別從事超大型積體電路、電腦和資訊系統的研發，其中聯合研究所負責基礎及通用技術的研發，另兩個研究所則負責實用化技術開發（重點為64ＫＢ及256ＫＢ內存晶片的設計及開發）。

在各方的協同努力下，參與方都派遣了其最優秀的工程師。來自各地的工程師們肩並肩地在同一研究所內共同工作、共同生活、集中研究，在微細加工技術及相關設備、矽晶圓的結晶技術、積體電路設計技術、工藝技術和測試技術上取得了突破。其中，聯合研究所主要負責微細加工技術及相關設備、矽晶圓的結晶技術的攻略，其他技術的通用部分也由其負責，實用化的開發則由另兩個研究所負責。具體來看，六個研究室中，分別由不同企業負責協調：第一、第二、第三研究室主要攻略微細加工技術，分別由日立富士通和東芝負責協調；第四研究室攻略結晶技術，由工業技術研究院電子綜合研究所負責協調；第五研究室負責工藝技術，由三菱負責協調；第六研究室攻略測試、評價及產品技術，由日本電氣負責協調。

微細加工技術是計畫的重心，從聯合研究所的研究成果來看，日本當時開發了三種電子束描繪裝置、電子束描繪軟體、高解析度光罩及檢查裝置、矽晶圓含氧量及碳量的分析技術等。垂井康夫評估說，計畫實施完畢後日本的半導體技術已和ＩＢＭ並駕齊驅。在計畫中，日本企業對於動態隨機記憶體有了深入的理解，其更高品質、更高性能的動態隨機記憶體晶片為日本趕超美國提供了機遇。從一九八〇年至一九八六年，日本企業的半導體市場份額由二十六％上升至四十五％，而美國企業的半導體市場份額則從六十一％下滑至四十三％。

一九八〇年，聯合研究所的研究工作已全部結束，而另兩個研究所則追加資金（共約一千三百億日圓）作進一步的技術開發，以一九八〇年至一九八二年為第一期，一九八三至一九八六年為第二期。這些系統化的布局，為日本的半導體產業騰飛發揮了至關重要的作用。

從人員來看，計畫展開期間的聯合研究所研發人員數量為一百人左右，電腦綜合研究所的研發人員數量為四百人左右，日電東芝資訊系統則為三百七十人左右。在後續投入階段，研究人員數量減少，一九八五年電腦綜合研究所研發人員已減至九十人左右，而日電東芝資訊系統則減至三十人左右。儘管聯合研究所研發人員相對較少，但事關各企業的未來發展基礎，因此各企業都派遣一流人才參與。在此過程中，垂井康夫對各企業都十分了解，點名要求各企業派遣其看中的人才。

在實施超大型積體電路計畫及後續的資助計畫後，一九八六年日本半導體產品已占世界市場的四十五％，超越美國成為全球第一半導體生產大國。一九八九年，在處理器晶片領域，日本企業的市場份額已達五十三％，與美國該領域三十七％的市場份額形成了鮮明對比。在日本企業的巔峰時期，日本電氣、東芝和日立三家企業排名動態記憶體領域的全球前三，其市場份額甚至超過九十％，與之相比，美國德州儀器和鎂光科技則苦苦支撐。

日本的轉型，九州科技重鎮的誕生

在互聯網等新趨勢來臨的時候，抓住了就是契機，錯失了就是危機。在英特爾向技術要求更高的微處理器的戰略轉型、三星的逆週期投資、台積電的垂直分工競爭中，二十世紀九〇年代後日本半導體產業在國際競爭中受到越來越大的挑戰，其國際競爭力下滑。二十一世紀以來，這種趨勢更加明顯。

在此情境下，大規模的業務重組和整合、專注細分市場成為了日本企業的因應策略。例如，日本電氣和日立將各自的記憶體業務分拆，整合成立了爾必達（Elpida）；東芝和富士通以汽車電子和數位家電為核心展開業務合作；二〇〇八年東芝和索尼成立合資公司，索尼在長崎半導體業務出售給新成立的合資公司；三菱電機和日立（非記憶體的半導體業務）合資成立瑞薩科技（Renesas）。

這些戰略合作的達成，有其內在的規律：在垂直分工、逆週期投資的大背景下，日本企業在與主要對手國的動態記憶體產品競爭中已無優勢，進而將產品重心轉向了系統級晶片市場。二十一世紀初，爾必達是日本僅存的一家動態記憶體企業，但還是在與三星的競爭中落敗，於二〇一二年二月破產後被鎂光科技併購。在日本企業的這一輪轉型中，東芝是較早開始轉型的企業，二〇〇一年底便宣布退出通用動態記憶體領域，次年四月成立系統級晶片研發中心，專注並加大系統級晶片的投資，此後還與索尼、日本電氣、富士通、瑞薩等在系統級晶片開發方面採取了戰略合作。

在企業自身轉向系統級晶片開發的同時，日本經濟產業省還借鑒超大型積體電路計畫的聯合研究所開發經驗，於二〇〇二年推動東芝、日本電氣、日立、三菱電機、富士通、松下、羅姆（ROHM）、索尼、夏普、三洋電機等十一家企業成立尖端系統級晶片基礎技術開發公司（Advanced SOC Platform Corp），共同推動系統級晶片工藝標準化和知識產權共享。

日本企業的轉型戰略有其合理之處：一方面，由於數位產品的普及和繁榮，系統級晶片市場前景廣闊；另一方面，日本企業轉向汽車電子等領域的系統級晶片市場，也可以與日本在汽車等領域的製造優勢協調發展。在向影像感測器、汽車電子和功率半導體等專用積體電路領域的轉變中，以三菱電機為代表的日本企業在全球絕緣柵雙極型電晶體廠商中占了優勢，索尼在CMOS影像感測器領域占據了高端市場，信越化學等企業在矽晶圓、光刻膠、鍵合引線、模壓樹脂及引線框架等全球半導體材料市場中的份額

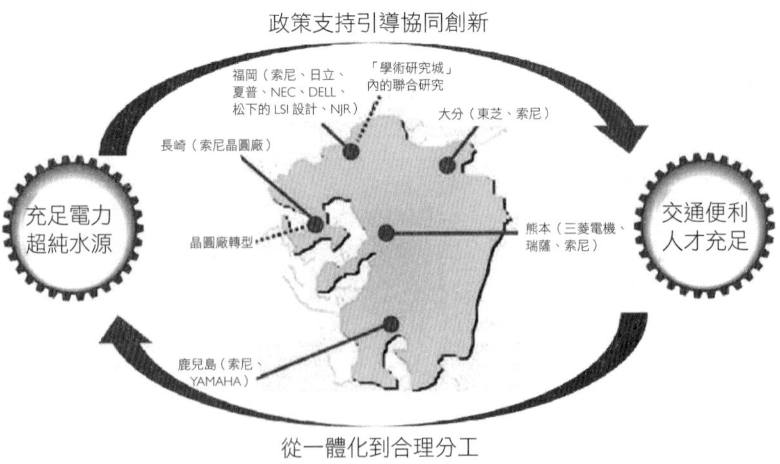

● 日本九州的半導體產業群聚

占絕對優勢。

以日本的材料企業為例，松下電工是世界半導體塑封料、PCB基板材料大型生產企業，三菱化學的光學膜、記錄材料處於世界前列，三菱綜合材料是全球大型多晶矽生產企業之一，日立已成為異方性導電膠膜的世界最大生產廠，住友電工是日本最大的電工材料企業，並成為撓性印製電路板的重點生產廠，住友化學是世界偏光片的大型生產廠、供應生產彩色濾光片及半導體工程用原材料的主要廠商之一，旭化成是半導體用光罩的主要生產製造廠商之一，凸版印刷是全球領先的光罩製造廠商之一，大日本印刷株式會社是全球最大的光罩和彩色濾光片製造商。

在設備企業中，東京電子是沉積設備、塗布／顯像設備、熱處理成膜設備、乾式刻蝕設備、清洗設備和測試設備的重要廠商，迪恩仕（Dainippon Screen）以核心影像處理技術為槓桿，為洗淨、刻蝕、顯影、塗布等工藝提供設備，愛德萬（Advantest）是全球最大的積體電路自動測試設備供應商之一，日立提供了玻璃基板表面檢查設備、曝光機等產品。

日本企業的轉型戰略，也與其文化有一定的關係。在積體電路產業，以設備維護為例，日本半導體企業建立新的半導體工廠後一定會徹底清掃，再小心翼翼地搬入設備等待正常運轉，所有設備安置妥當後才開始生產。與之相比，韓國半導體企業在廠房建成後粗略打掃便開始安裝機器設備，讓潔淨室在全天候運轉的同時使用高頻的篩檢程式，以加快生產步伐。從潔淨工藝的要求看，日本的做法似乎更為合理，然而這意謂著「間隔期」內已有投入的折舊成本上升。

旅日學者俞天任在《只能做汽車的日本人》一文中寫道：「和天生具備把複雜的事情簡單化的美國人相比，日本人有一種把簡單的事情複雜化的傾向，這種天性在製造業上的反映就是日本人設計的產品特別複雜，而習慣了複雜的日本人也確實有一種把複雜的東西整合起來的本事。」「把複雜的東西整合起來」，在日本九州的積體電路發展中可見一斑。

九州的啟示

九州在日本被稱為「矽島」，一九六七年三菱電機在熊本縣開始組建積體電路的生產體系，是日本九州地區的積體電路發展起點。此後，東芝、日本電氣進入，在當地建設積體電路工廠。積體電路的生產需要高純度的水、充足的電力供應和便捷的交通，九州阿蘇山周邊的山泉水、充沛的電力供給，以及九州的五個機場，再加上當地的人力資源、政策優惠等條件，吸引了日本企業群聚。二十世紀八〇年代初，日本的積體電路發展迎來了高峰期，此時九州生產積體電路已近日本的四十%。不過，當時九州以生產和組裝為主，而研發與設計大多集中於東京、大阪與神戶。

日本的九州加工區回應二十世紀八〇年代日本政府的工業地產政策，加快了九州老工業基地的改造，逐步實現了從重化工業為中心到以加工工業為中心的轉型。在此之前的二十世紀六〇年代，鋼鐵、化工、機械、窯業集中的北九州市曾經歷了嚴重的環境汙染，許多市民患上了哮喘，一九六八年震驚世界的八大公害事件之一的米糠油事件（多氯聯苯汙染事件）就在這裡發生。

對此，北九州市通過主動立法、設立公害監測中心，以及與企業協作的策略，恢復被汙染的生態環境。實踐證明，綠色生產技術的開發不僅沒有降低企業的經濟收益，反而推動了企業的技術升級。在技術升級的過程中，北九州通過學術研究城的規劃吸引大學和研究機構群聚，並出資成立北九州產業學術推進機構，推動大學、研究機構與企業的合作。在此過程中，北九州通過完善知識產權和金融支援制度，保護知識產權，促進了技術轉移。

北九州還通過政府部門、企業和大學的協作，建立了廢棄物處理技術、再生利用技術的「實證研究區」。這些努力使北九州得以突破原有的產業結構，實現從鋼鐵、造船等重工業向積體電路、汽車產業的轉型，並成為「綠色城市」。可以說，北九州是日本從重工業向積體電路等產業轉型的縮影。

在積體電路發展歷程中，九州的第一大城市福岡利用人工填海得到的土地建立了矽島高新科學園區，同時在大學、科研院所高度集聚的地區設立了「矽島科學園地產基金」。在基金的支援下，園區進行了很好的規劃，研發地區的醫院、博物館、居住區等設施一應俱全，減少了入園企業的科技開發風險，同時對技術含量高、市場前景好的中小企業進行扶持。後來，矽島科學園模式成為日本工業地產所普遍採用的開發模式。

後來，日本企業在美國、韓國的競爭壓力下轉型，九州的半導體企業轉向了影像感測器、汽車電子和功率半導體等領域。其中，索尼自二〇一二年推出全球首款「堆疊式結構」CMOS影像感測器以來表現搶眼，其應用已逐步延伸至汽車、安全和醫療等領域。在汽車電子領域，瑞薩在分拆冗雜業務後，以車用半導體為核心展開布局，研發和生產汽車微控制器、多用途微控制器等。在全球的功率半導體產業中，富士、日立、三菱、瑞薩及東芝與美國的仙童半導體、丹麥的丹弗斯、德國的英飛淩、瑞士的ABB等展開競爭，在絕緣柵雙極型電晶體上具有一定優勢。另外，三菱電機等也已開始引入新型的混合碳化矽產品。

在轉型期間，二〇〇二年五月日本九州半導體創新協議會作為經濟產業省推出的《產業集群規劃》在創新支援、技術研究、商務合作、人才培養等方面為企業提供了支撐。例如，九州半導體創新協議會設立了「創新支援團商務支援事業」，組建引領企業成長的商務支援的專家組，根據會員企業的發展階段，針對面臨的產品鑒定、市場評估和開拓、投資諮詢等經營問題，派遣專業人士到各企業提供支援。創新支援的具體內容包括商業計畫書的評價、總體經營的諮詢、新科技和新產品的鑒定與評價、技術合作、市場開拓支援、市場訊息提供、新產品新業務的企劃、知識產權戰略、投資資金支援等。

4 誰是英特爾下一個對手——三星？

技術創新與逆週期投資的並進，是後來者進軍積體電路產業時破解資源不足、提升發展能力的必然選擇。然而審時度勢並非易事，系統性、全域性的戰略思維背後是堅定的定力。

遙想當年，三星商會賣的是農產品……

如果問二十一世紀初誰是英特爾的對手，那麼除了ＡＭＤ外，很多人會將三星列為答案之一。隨著半導體投資額的增長、技術難度的加大、規模效應的發揮，全球的垂直一體化晶片製造商已經較早期發展時明顯減少，而英特爾和三星則是ＩＤＭ中為數不多的傑出代表。

一九三八年，畢業於日本早稻田大學政經科的李秉喆考察了朝鮮半島和大半個中國大陸後，創立三星商會，開始向中國大陸東北出口農食產品的貿易。在朝鮮半島，「三」意為大、多、強，「星」則意為清澈、明亮、深遠、永放光芒，這是李秉喆創立三星的初衷。白手起家的李秉喆被韓國同行譽為「創業之神」，逐漸使三星具備了世界級企業的雛形。

二十世紀七〇年代，三星已經在家電領域有所斬獲。李秉喆發現，影響家電性能的核心便是晶片，由此萌發了進軍晶片開發的想法。一九八三年，李秉喆決定正式進軍半導體產業，他說：「這個計畫，三星賭上了全部。」應該說，李秉喆的這個決定，是經過深思熟慮後做出的。此前的韓國在半導體技術上無任何優勢，政府和李秉喆周圍的人都不看好這個決定，只有從美國華盛頓大學學成歸來的三子李健熙說：「爸，就算只有我一個人，也要試試那件事！」李秉喆最後決定，讓李健熙放手一試，李健熙先後五十多次前往矽谷引進技術和人才，最終還是未果。不過，經歷兩次石油危機後，李秉喆敏銳地意識到身處資源匱乏的韓國，半導體才是三星的未來：「一定要在我閉眼之前開始這個事業，這樣三星才會安然無恙。」

逆週期投資——謀時、謀勢，三星崛起之道

把握發展方向和發展規律的前提下謀時、謀勢，是三星的崛起之道。一九八七年，在經歷了記憶體價格暴跌後，當時的三星半導體仍無任何盈利。這一年，李秉喆去世，李健熙接任三星集團會長。「越是困難，就越要加大投資」是李健熙的半導體經營理念。這一經營理念的來源，與李秉喆的教誨有關。李秉喆奉行「石橋也要敲一敲再過」的理念，而在父親的薰陶下，「做一名

好的傾聽者」成為李健熙的座右銘。

李健熙在管理中不輕易發言，做指示前會問六個問題：「為什麼要開創這個事業？為什麼要選這個地理位置？為什麼要在這個時期？為什麼要選這個人？資金投入值不值得？這樣做的目的是什麼？」由此可見，逆週期投資也是李健熙深思熟慮後的決定。

結果證明，李健熙的判斷是對的。一九八七年，美國向日本發起半導體的反傾銷訴訟，雙方達成出口限制協定，記憶體價格回升，三星在這一輪的投資中崛起，實現了經營盈利、技術升級。二十世紀九〇年代，三星面臨被美國的傾銷控訴時，李健熙敏銳地抓住時任美國總統柯林頓重視矽谷的特點，向美國白宮、議會、貿易及科技部門人員進行遊說：「如果三星無法正常製造晶片，日本企業占據市場的趨勢將更加明顯，競爭者的減少將進一步抬高美國企業購入晶片的價格，對於美國企業將更加不利。」因此，美國僅象徵性地向三星收取〇．七四％的反傾銷稅，三星度過了危機，而三星也由此建立了全球化的公關團隊。

後來，三星的動態隨機存取記憶體「雙向型數據通選方案」被美國半導體標準化委員會認可，成為與微處理器單元匹配的物件，也讓韓國企業開始反超日本。二〇〇八年，全球性的金融危機爆發，動態隨機存取記憶體價格暴跌。此時，三星再次開啟「逆週期投資」模式，將前一年的利潤全部用於擴大產能。動態隨機存取記憶體價格跌破原材料的成本價，德國動態隨機存取記憶體廠商奇夢達（Qimonda）於次年破產，日本的爾必達在支撐四年後被鎂光收購，日本東芝的快閃記憶體業務則於二〇一七年被美國貝恩資本收購。奇夢達破產後，浪潮集團收購奇夢達中國大陸研發中心，改制重建並更名為西安華芯半導體有限公司；二〇一五年，紫光集團旗下紫光國芯股份有限公司收購西安華芯半導體有限公司，並更名為西安紫光國芯半導體有限公司。二〇一七年，韓國兩大企業三星和海力士半導體占據全球約四分之三的市場份額，而這一年三星超越英特爾成為全球最大的半導體廠商。

從某種角度上看，三星的逆週期策略也可以用「集中優勢兵力、重點突破」來形容。在投資過程中，三星除了輾壓對手外，還在低潮期大規模地招攬人才、提升技術，從長週期來看具有合理性。在具體的執行過程中，李健熙作為三星集團的會長擁有最高的決策權，但是各業務部高管也有獨立的決策權。

在會長與業務部高管間，三星還設立了蒐集、分析資訊和決策支援的秘書室，其概念源於第二次世界大戰中日本的參謀組織。李秉喆曾留學日本，深受日本文化的影響，而三星的秘書室於一九五九年在曾任日軍大本營作戰參謀的瀨島龍三幫助下建立。二十世紀七〇年代，李秉喆在業務擴張中參照三菱、三井等經驗加強秘書室的職能，從早期的資訊蒐集、財務等六個小組擴展至人事、經營管理等十五個小組。李健熙任會長後，秘書室曾改組為結構調整總部、全球戰略室、未來戰略室，但是其資訊蒐集與分析功能、人事調整權和資源配置權卻始終具備，而三星也通過「會長——秘書室——業務部高管」的體系在業內成就了「決策快」的聲譽。

三星的這種決策體系，使其得以在多元化的經營中「全面開花」。在進軍積體電路前，三星電子於一九六九年成立，一九七四年開始量產冰箱和洗衣機，而一九八三年開發的64ＭＢ動態記憶體則成為其在半導體領域的起點，其前期大量的調研、高效的組織為工程進度提供了保障。《三星的六十年歷史》一書中記載：「半導體工廠需要生產滿足以微米為單位的超精密產品的要求，而這樣的工廠是第一次建立，並且必須保證高生產收益率，工程的要求可謂十分嚴苛。」

此後，一九八七年三星在「逆週期投資」中在日本東京設立海外研究所。一九九〇年三星開發出世界最早的256ＭＢ動態記憶體，宣告三星正式超越了日本企業的技術，而後在二十世紀九〇年代在與日本的記憶體晶片競爭中占據全面主動。同時，三星開始了在顯示器、手機等領域的趕超步伐：二〇〇六年三星超越日本松下電器成為全球最大的液晶電視供應商；二〇〇七年三星超越摩托羅拉在手機領域位居全球市場占有率第二；二〇一〇年三星電子營業額超越惠普；二〇一一年三星電子在西歐首次超過諾基亞引領智慧型手機和功能型手機市場。隨著一系列的趕超，三星形成了半導體、移動通訊、數位影像、電信系統、資訊科技解決方案及數位應用等多個事業群，還涉足金融、造船、免稅店、主題公園等多個領域。

作為垂直一體化製造商，三星建立了動態隨機記憶體和ＮＡＮＤ快閃記憶體領域的優勢，同時還利用其晶圓生產線的高產能優勢，自二〇〇五年開始大力涉足晶圓代工業務。在晶圓代工業務中，蘋果一直與三星保持著戰略合作關係。在雙方因智慧手機的專利訴訟等導致合作關係僵化後，蘋果逐步牽手台積電，但三星仍然是晶圓代工廠商中的重要參與者。

5 要競爭，也要合作

堅其志，一其心，既是魄力，更見智慧。歷史發展經驗表明，要在積體電路產業實現新突破、開闢新境界，離不開國家或區域層面的戰略意志和戰略協同。除日本超大型積體電路計畫、韓國三星的戰略投資外，美國半導體製造技術科研聯合體、歐洲資訊科技研究開發專案戰略計畫、歐洲微電子研究中心的發展也都證明了國家（區域）戰略意志和協同的重要性。

日本：超大型積體電路計畫，挑戰美國霸業

實現有機統一和協同發展，需要孜孜以求的心態。超大規模積體電路計畫的成功，引起了日本和全球各界的共同關注。在後來總結該計畫的成功經驗時，當時任日本一橋大學商學院教授的榊原清則總結了七大成功要點：①目標清晰，以當時IBM的「未來系統」（Future system，FS）技術為對標；②集中優勢人才，在短週期內全力以赴；③各成員有曾經大型研究計畫的直接或間

接合作經驗；④在選準時間節點後，將各參與方的思路、技術有機地集成於一體，通過系統解析和試驗保障進度；⑤設立聯合研究所，實現良性互動、有效溝通和共同協作；⑥設備製造商合力參與合作，計畫展開期間共有五十多家設備製造商參與；⑦選擇垂井康夫這位日本半導體的開創者作為研究所所長，他具有很強的協調能力和豐富的行政經驗。

就超大型積體電路計畫對日本發展的意義而言，一九九二年出版的相田洋著作《電子立國》一書中引用了丸紅科技的木村市太郎的評價：「日本半導體業的成功，得益於半導體製造設備的優異……通產省主導的超大型積體電路計畫貢獻良多。通過該研發計畫，半導體製造公司研發其必需的基礎技術，並且引領了相關製造設備的開發。設備製造商因為得到主要半導體製造商的支援，得以開發出十分優異的設備，這是在美國所沒有的……尤其值得指出的是，日本半導體製造商不惜成本派遣一流的工程師參與超大型積體電路研發計畫。只有政府資助是不夠的，一流企業的一流人才全心全意地的投入，才是計畫成功的關鍵……這在美國，A、B兩家公司對等參與研發計畫，幾乎是不可能的。如果由A公司來主導計畫，B公司因為失去自主性，必然不願意全心全意地投入，因此只派遣二流和三流的人員參加，形同攪局。」

從事後效果來看，計畫完成後日本積體電路在全球市場中競爭力快速提升，日本超越美國成為64KB記憶體最大的生產國；日本半導體設備企業打破了美國半導體設備的主導局面，在部分設備上甚至超越美國。更為重要的是，該計畫點燃了日本民間投資積體電路的熱潮，促進日本電氣、日立等機電廠商把產品重心向積體電路及其衍生產品轉移：此前，他們對於積體電路的重要性已經有所認知，但是始終未能下定決心把積體電路的開發作為企業發展的重中之重；在該計畫的「催化」下，這些企業和其他民間企業不再猶豫，促成了日本的積體電路開發熱潮。

超大型積體電路計畫的成功，讓日本意識到該類計畫的作用，後來又相繼推出了「超尖端電子技術開發計畫」、新一代半導體研究計畫「飛鳥計畫」、「未來計畫」、「系統級晶片基礎技術開發計畫」等。儘管後續計畫的影響力並未有超大型積體電路計畫那麼大，但都在不同程度上推動了日本的積體電路關鍵基礎技術開發、生產和測試工藝技術的發展。

日本超大型積體電路計畫的成功，在搶占美國企業所一度主導的全球市場份額的同時，也讓美國重新審視自己的產業發展。美國人也認識到了技術研發的協同效應：個別企業所掌握的技術有限，需要在相互交流中更加清楚自身的研發方向，才能在協同發展中更精準地明確研發方向、開發出更好的產品。

這種協同，不僅僅是積體電路研發和生產企業間的協同，還包括設備製造商等開發企業的協同。例如，設備製造商需要了解使用者的相關資料及技術，才能更好地開發產品；同樣，積體電路研發和生產商也因為更準確地提出定製需求、了解各類設備性能，才能提升研發和生產能力。在匯集了各廠商的問題、解決開發瓶頸後，規模經濟的效應也就得到了極大的發揮。

在日本的趕超下，美國的積體電路產業認識到必須求變才能生存，於是積極投入資源開發生產工藝技術、提高產品生產效率和良品率。其間，美國的積體電路產業中軍用市場仍然占據相當大的比重，美國國防部牽線與IBM、英特爾、德州儀器等企業成立美國半導體製造技術科研聯合體，促進元件廠與設備供應商的合作，加速積體電路和設備研發，加速生產工藝的標準化。一九八七年，美國正式組建了半導體製造技術科研聯合體，共有約七百名研發人員，當時代表著美國約八十五％的半導體製造能力。

美國：從誰也無法說服誰，到攜手協同創新

與日本的超大型積體電路計畫一開始時面臨的各自為政相似，美國的半導體企業誰也無法說服誰，因而擺在美國半導體製造技術科研聯合體面前的困難就是協調問題。最終，美國積體電路領域的開創者諾伊斯站了出來，協同創新由此開始。美國半導體製造技術科研聯合體是一個非營利的技術開發聯盟，採取董事會負責下的計畫管理制，其成員共同開發通用技術、共享知識產權成果，這與日本的超大型積體電路計畫十分相似。

在其後的發展中，美國半導體製造技術科研聯合體開發了大量先進技術，使得美國積體電路的技術創新優勢再次得到了發揮。曾有研究報告指出，美國半導體製造技術科研聯合體的發展使美國半導體產業的研發支出減少了九％。事實上，更為重要的是，美國半導體製造技術科研聯合

體成了助推美國積體電路再次技術領先的里程碑。

後來，隨著戰略調整，美國半導體製造技術科研聯合體自一九九八年准許外國半導體企業加入到聯合研發，韓國的現代、荷蘭的飛利浦、德國的西門子等陸續加入。目前，美國半導體製造技術科研聯合體已逐步演化成為跨國的半導體技術、工藝、設備、標準合作研發組織，成為美國積體電路產業展開國際合作的重要平台。

歐洲：以微電子學為起點，展開資訊科技產業整合

在日本的超大型積體電路計畫啟示下，歐洲啟動了歐洲資訊科技研究與開發專案戰略計畫。一九七九年，歐洲共同體以微電子學為重點，開始了資訊領域的研究計畫新探索，這為歐洲資訊科技研究與開發專案戰略計畫作了準備。在一年多的前期探索中，計畫進展順利，為歐洲層面的資訊科技產業合作奠定了基礎。

一九八四年，歐洲資訊科技研究與開發專案戰略計畫的第一階段啟動，共投資十五億（以當時的歐洲貨幣單位計算），其目的包括三方面：推動歐洲資訊科技產業在「預見性」研究與開發方面的合作（這裡的「預見性」指帶有一定的超前性質、其效果應在數年內體現出來）、為歐洲資訊科技產業提供它們在二十世紀九〇年代初所需的基礎技術、為標準化工作鋪平道路。

從一九八四年至一九八六年，科研計畫項目資助主要涵蓋三方面——微電子學、資訊處理系統（軟體技術、高級資訊處理技術）和資訊科技應用（辦公室自動化、電腦集成製造），要求每一個申請計畫都必須多國合作、學術界與產業界合作，至少有兩個歐洲共同體成員國的企業參與。歐洲共同體資助一半的研發經費，其餘經費自籌，參與者共享研究成果。在資助中，歐洲共同體從各成員國邀集專家進行獨立評議，拒絕了約五分之四的專案。

最後，四百二十家研究單位獲得了資助，兩千九百餘名研究人員參與研究。至一九八八年底，兩百二十六個計畫中已有一百三十個計畫獲得了一百六十八項具體成果，數十項成果成功應用於市場開發品，四十六項成果通過技術轉移給企業，同時大幅推動了歐洲參與國際標準的制定進程。

這一計畫的實施，改變了歐洲資訊科技企業間很少合作（更多尋求與美國企業合作）的局面，第一階段計畫實施期間，歐洲資訊科技企業在產品開發、市場開發和合資等方面的商業協定增加了七倍，規模達到了與美國企業簽訂的協定數量水準。在第一階段計畫成功實施的基礎上，一九八八年歐洲開始了第二階段的計畫，投資總額為三十二億（以當時的貨幣單位換算），其特徵是基礎研究與產業應用並重，合作範圍擴展至歐洲共同體外的其他歐洲國家（奧地利、瑞士、瑞典、挪威、芬蘭）。

該計畫第二階段的目標包括建立歐洲新一代集成式資訊處理系統、提高歐洲資訊科技在眾多領域的系統應用能力、在資訊科技領域中展開基礎研究以支援產業研發。可以說，歐洲資訊科技研究與開發專案戰略計畫的實施，為歐洲資訊科技的發展奠定了基礎，也為積體電路的應用鋪平了道路。

在計畫實施後，歐洲又通過設立半導體協作研究開發計畫推動協同研發，而歐盟第七期框架計畫（FP7）、歐盟地平線二〇二〇（Horizon2020）等則將目光聚集到更為前端的領域。例如，歐盟第七期框架計畫通過支持CMOS整合光電子技術研究、光子製造技術平台等計畫，促進光子整合電路技術的開發，歐盟地平線二〇二〇計畫則繼續支持光子先進技術的協同開發。

歐洲微電子研究中心於一九八四年由曾在史丹佛大學留學的比利時高校教授倡議成立，首批大學教授來自魯汶大學等多所高校，因而名為「大學校際微電子研究中心」。歐洲微電子研究中心與全球數十家機構展開合作，與英特爾、ARM、IBM、阿斯麥、飛利浦、三星等合作密切，並培育了一批當地的「隱形冠軍」。歐洲微電子研究中心的研究重點是先進半導體製造和封裝工藝、先進積體電路設計方法。

與其他研發機構相比，歐洲微電子研究中心的優勢在於工藝模組的研究、新器件開發，以及系統和晶片設計、封裝、CMOS工藝等技術的有機集成。其中，合作研究的特色最為明顯：歐洲微電子研究中心有數十家合作研究機構，這些合作機構既有歐洲微電子研究中心與其中一家或兩家的小範圍合作，也有與很多合作夥伴共同建設的「歐洲微電子研究中心產業聯盟計畫」

（IIAP）。該計畫已被公認是歐洲和美國在該產業領域中較為成功的合作研發模式，合作基礎是費用和風險共擔、人才和成果共享、知識產權規則清楚——正因如此，三星和英特爾等競爭對手能夠與歐洲微電子研究中心共同展開合作研究。研究中心開發後的成熟技術，通過技術轉移和技術許可的方式給產業使用，同時也經常孵化出子公司來發展。

自成立以來，歐洲微電子研究中心便成了學術交流、產業合作的重要橋梁。在合作體系中，研究中心設有微電子培訓中心，向企業、研究機構和大學等提供培訓課程，這些培訓課程大多與研發實踐緊密結合。在微電子領域，研究中心擁有先進的CMOS工藝，不少企業將尚未投入市場的原型機置於研究中心的超淨室，與研究中心的科學家共同展開實驗。例如，阿斯麥在其中試製了極紫外光刻的原型機NXE:3100。這種相對集聚的模式，促進了各界的交流，彌補了溝通不足。

吉伯特・德克勒克（Gilbert Declerck）曾參與了歐洲微電子研究中心創建過程，一九九九年被任命為總裁兼執行長。在評價研究中心的合作時，他曾指出，「半導體製造工藝的進一步細微化需要技術上的突破，同時在資金投入上又必須可行。從二〇〇一年開始，一個很明顯的現象就是全世界比任何時候都需要通過建立全球夥伴關係來達成這一目標。我們必須分享知識及分擔成本和風險。有鑑於此，我們很高興能夠與中芯國際建立長期合作夥伴關係。」德克勒克的繼任者、曾任研究中心微影組經理的盧克・范登霍夫（Luc van den Hove）則認為「在晶片技術上，沒有哪家公司能完全獨自開發」。

對於摩爾定律能否延續，范登霍夫也給出了很多判斷：「尺寸縮小還會繼續，我不僅相信它將會繼續，而且我認為它不得不繼續。」「我們需要更好地利用第三個空間維度，例如在建構3DSRAM單元的時候，你可以疊加多個單元。FPGA也是一樣，你也可以建構一個標準單元再進行堆疊。」「將電晶體堆疊與異構集成相結合，可以繼續縮小尺寸，一直推進到三奈米工藝節點。」在應用方面，范登霍夫則將視線投向了精準醫療等領域，認為這些領域中半導體的應用空間巨大：「DNA測序已經趕超了摩爾定律的速度。」與之相對應，研究中心正在布局光子和電子相結合的晶片開發。

這些案例說明，政府主導、社會力量參與和市場機制的作用，是積體電路發展中調動各參與方積極性、主動性、創造性的根本路徑。落實到計畫上，就需要強化人才培養，激發創新活力，建立規模宏大、結構合理、素質優良的專業管理團隊。

6 產業鏈，可以分拆與重新整合

在歐洲的積體電路發展中，德國的專用積體電路、英國的晶片設計、荷蘭的完整產業鏈、義大利和法國的半導體產業聯合均極具特色。隨著全球產業格局的變化，歐洲各國的產業也經歷了轉型的歷程，英飛凌、意法半導體是其中的代表。

英飛凌的大膽轉型

德國積體電路產業的典型特點是，圍繞德國的汽車工業、機械製造、化學等優勢領域的企業提供產品或服務，這也是德國積體電路發展轉型的基本背景。在德國積體電路產業轉型中，英飛凌是典型。一九九九年四月一日，英飛凌科技由西門子半導體部門分拆而來。作為德國西門子的原半導體部門，英飛凌曾是處理器晶片的重要廠商。一九九六年，西門子的半導體部門與台灣茂矽電子合資，在新竹園區成立茂德電子，建設八吋晶圓廠，技術由西門子提供。

從西門子分拆出來後，英飛淩繼承了西門子在半導體領域的三萬多項專利，一時規模僅次於三星、鎂光。二〇〇一年，在DRAM晶片不景氣的產業背景下，茂矽電子因巨額貸款而質押了大量的茂德股票，引發了其與英飛淩的矛盾。次年，英飛淩終止對茂矽的技術授權，停止採購茂德的晶圓，轉而與南亞科技合作組建華亞半導體，建設十二吋晶圓廠。不過，由於處理器晶片價格下跌、新廠建設投資巨大，英飛淩分拆出的奇夢達後來破產，被浪潮集團收購，英飛淩自此退出了DRAM業務。

在退出動態隨機存取記憶體業務後，英飛淩將重心轉向高效能、移動性和安全性的車用半導體、功率半導體、晶片卡和安全應用。英飛淩在嵌入式控制等方面具有獨特的技術優勢，其產品以高可靠性著稱。二〇一五年，英飛淩收購電源管理技術產業的領先供應商——美國國際整流器公司，增強了其在電源管理系統節能技術領域的實力。

對於晶片的下一步發展，英飛淩有其自身的獨特理解。英飛淩執行長萊茵哈德・普羅斯（Reinhard Ploss）曾指出：「從二十八奈米向二十奈米過渡的時候，我們第一次遇到了電晶體成本上升的情況。而對於一個商業公司領導人來說，必須去做利潤的考量。」「摩爾定律正在走向終點，需要從整個系統優化的角度來考慮，從而克服現有的技術挑戰，實現進一步的增值……當工藝節點走到商業極限的時候，我們就需要一個突破性創新來改變這個局面……引入氮化鎵可以顯著減少耗能並實現功率密度的飛躍，而碳化矽和氮化鎵都可以幫助實現高性能等。」

在英飛淩看來，雖然半導體製造技術還沒有走到物理極限，晶片尺寸還可以進一步縮小，但已經到了商業極限。從技術節點上看，直到二十八奈米節點前電晶體成本一直沿摩爾定律的路徑不斷下降，但是在二十奈米節點時第一次出現了成本反轉：由於極紫外光刻技術的延遲實現，原本期待在二十二奈米節點就引入極紫外光刻技術的製造商不得不採取備選方案。但是，輔助的多重圖形曝光技術等增加了光罩工藝次數，導致晶片製造成本大幅度增加、工藝循環週期延長。同時，推進過程穿孔、光刻、隧穿、散熱等方面都出現了技術瓶頸。

先打破，再重組的意法半導體

與德國的英飛淩分拆於西門子類似，意法半導體的發展源於法國湯姆遜公司的一次分拆，不同的是其分拆之後又做了進一步的整合。一九八七年法國湯姆遜公司的半導體分部（Thomson Semiconducteurs）、義大利ＳＧＳ半導體公司（Società Generale Semiconduttori Microelettronica）合併後成立SGS——THOMSON。在合併前，兩家均是半導體領域歷史悠久的企業。一九九四年，SGS——THOMSON收購加拿大北電網路的半導體部門。一九九八年，湯姆遜撤股，公司更名為意法半導體（ST Microelectronics）。二〇〇二年，意法半導體收購阿爾卡特的微電子部門，同時收購了英國Synad科技有限公司等小企業，拓展了無線網路業務。

也就在這一年，摩托羅拉和台積電加盟成為意法半導體新的技術合作夥伴。二〇〇七年五月二十二日，意法半導體和英特爾合資成立Numonyx，新公司合併了ST與英特爾各自的快閃記憶體部門。二〇〇八年，意法半導體和恩智浦半導體（NXP）成立合資公司ST——NXP Wireless，以集成ST與NXP各自的移動通訊業務。次年，ST——NXP Wireless又和易利信手機平台（Ericsson Mobile Platforms）成立ST Ericsson。

意法半導體是半導體產品線最廣的企業之一，其產品涵蓋了從簡單的分立二極管、電晶體到複雜的系統級晶片，以及輔助設計、製造工具、應用軟體和完整的平台解決方案，具有先進的知識產權模組、世界級的製造工藝和技術，在物聯網、智慧駕駛等領域具有一定的優勢。

不過，意法半導體總部既不設在義大利也不設在法國，而是在瑞士日內瓦。具體來看，意法半導體的業務包括類比產品和感測器、汽車和分立器件、微控制器和數位積體電路。其中，類比產品主要涉及通用和工業用功率半導體，感測器包括微機電系統、感測器和影像感測器等，汽車半導體包括數位、類比、專用的汽車晶片，微控制器包括通用微控制器和安全微控制器，數位積體電路包括帶電可擦可程式設計唯讀記憶體系列和數位專用積體電路。

與意法半導體全資成立ST——NXP Wireless的恩智浦，二〇〇六年由飛利浦的半導體業務分拆而來，當時側重於移動通訊、消費類電子、安全應用等領域的半導體業務。在分拆後的兩年，恩智浦的半導體銷售額下降幅度超過四十%。此後，恩智浦逐漸意識到其優勢和出路在於汽車電子和識別業務，以博世、德國聯邦印鈔公司、金雅拓、G&D、歐貝特卡系統公司、斯邁達科技公司、索尼和偉世通等為重點展開業務。二〇〇九年，恩智浦將目光投向高性能的混合訊號產品，同時出售了晶圓廠，並重新制定了其營運策略。這一年，恩智浦在射頻基站、照明、智慧家電和智慧電表、汽車電子、醫療電子、識別等領域取得了進展。在此基礎上，恩智浦將其業務部門重組為四個部門，而後又逐漸向物聯網進軍。二〇一六年十月，高通宣布計畫收購恩智浦，此時恩智浦已成為全球最大的汽車電子晶片製造商，其業務也實現了多元化發展。

此外，歐洲其他國家中還有一些特色的半導體廠商，例如，奧利地微電子（AMS），在傳感晶片領域的客戶包括蘋果、三星、華為等。這些特色的廠商成為歐洲半導體的基石，也使歐洲在專業領域併購整合成巨頭有了可能，如奧利地微電子曾一度有傳聞要併購德國Dialog公司。

7 半導體上下游，你如何定位自己？

韓國的積體電路從「垂直分工」的下游環節起步，經歷了從下游到中游再到上游的全產業鏈進軍歷程。

起點上的韓國，繳了龐大學費

一九五九年，韓國ＬＧ公司的前身「金星社」研製生產出韓國的第一台真空管收音機，不過當時並沒有積體電路的開發能力，對進口半導體元件的組裝是其起點。十餘年後，三洋和東芝開始在韓國投資半導體業務，而韓國政府於一九七五年也發布了支持半導體產業發展、以實現電子配件及半導體生產本土化為目標的「六年計畫」，此時韓國的半導體產業仍然處於簡單的組裝加工水準。

二十世紀七〇年代，三星從收購韓裔美籍科學家姜基東創立的半導體公司五十％股份起步，進入了半導體領域。一九七四年，姜基東設立了第一家本地的半導體公司，但是很快便發生了財務危機。姜基東在美國俄亥俄大學獲得博士學位，曾在摩托羅拉公司從事過積體電路的設計工作。三星公司介入後，獲得了很多隱性知識，並將這些技術知識推廣至三星的工程師，為三星雙極和金屬氧化物半導體製造技術後來的發展奠定了基礎。

這些知識的累積，為一九八二年三星謀劃從五微米至二．五微米的電路、從三吋至五吋的矽片、從1KB／16KB大型積體電路至64KB超大型積體電路奠定了基礎。這些基礎，使得他們在拜訪美國專家的過程中，得以與其展開深入、專業、有理有據的研討，從中辨別潛在技術供應商、市場特徵和生產工藝結構。

在正式進軍半導體領域（一九八三年三星在京畿道器興地區建廠）後，三星從史丹佛大學、明尼蘇達大學等招聘了五名分別在IBM、霍尼韋爾、英特爾、國民半導體、齊拉格公司從事過設計工作的韓裔科學家和工程師，以及數百名美國和日本的科學家、工程師。同時，三星在前期的完善布局基礎上，從鎂光科技公司獲得了64KB隨機記憶體晶片設計的技術許可，從日本夏普公司取得了夏普「互補金屬氧化物半導體工藝」製造技術的授權合約並購買了密封技術，以兩百萬美元從美國Zytrex公司購買了高速處理設備的技術許可。

在此過程中，三星的資訊蒐集和分析工作為其發揮了重要作用，如獲得鎂光科技公司的技術許可，便是在得知鎂光科技公司因財務困難願意授權技術後實現的。在此之前的一九七九年，三星曾與仙童半導體討論64ＫＢ隨機記憶體晶片技術轉移的可能性，但無疾而終。此外，三星還曾試圖從德州儀器、摩托羅拉、日本電氣、東芝和日立獲得技術許可，但都遭到拒絕。

在獲得技術許可後，三星派工程師到技術許可授權公司學習，加速了技術學習的進程。此外，三星的工程師也參與日本企業承建的廠房建設，從中累積知識。從各類招聘、合作、諮詢的科學家和工程師以及從公開文獻中轉化而來的知識，加速了三星的技術學習進程。

在三星後，現代、ＬＧ和大宇均向大型積體電路進軍，這為後來韓國晶片全產業鏈的布局埋下了伏筆。以三星為代表，韓國公司的技術發展進程從最容易的技術入手，漸次複雜：一開始，三星從鎂光科技進口三千件64ＫＢ動態隨機存取記憶體晶片進行組裝，其生產率達到日本水準後，再開始研發工藝，最後製造和檢測晶片。通過培訓、聯合研究和諮詢、組織工程師協同研發等方式，培養了大量韓國本土工程師，甚至開發了多項新科技。

總體上看，二十世紀八〇年代初韓國的積體電路產業還很薄弱，無論是積體電路的設計和製造，還是配套的設備企業都是如此。以配套設備企業為例，當時為數不多的企業中，申松（Shinsung）主要生產化學氣相沉積設備和潔淨室設備，ＤＭＳ生產光罩、濕法刻蝕設備和清洗設備，ＬＧ生產自動測試設備。三星下定決心加大投資，再加上韓國政府的大力支持，韓國的積體電路企業逐步打造了三星、ＬＧ等知名企業。

一九八六年，由韓國電子通信研究所牽線，韓國政府聯合三星、ＬＧ、現代和韓國六所大學將4MB動態處理器晶片作為國家重點計畫進行研發，三年間研發投入一．一億美元，其中五十七%投資由政府承擔。二十世紀九〇年代，韓國三大財閥重金投入五十八個研發中心，進一步在技術創新中掌握了主動權。

日本經濟泡沫破了?快，加碼投資!

韓國半導體產業群聚發展所需的人才，有相當一部分從海外引進而來，其目標對象除了韓裔人士外，還包括美國、日本等地的人才。二十世紀九〇年代初，韓國企業趁日本經濟泡沫破裂，東芝和日本電氣等巨頭大幅降低半導體投資時，加大投資力度引進日本技術人員。

一九九四年，韓國推出了《半導體晶片保護法》，對積體電路的技術發展進行保護。一九九九年，韓國通過「智慧韓國廿一工程（Brain Korea 21）」等計畫對大學和研究的積體電路發展進行了精準扶持，政府與大財團的支援也為韓國積體電路的發展提供了足夠的資源。由此，韓國逐步形成了以三星和SK海力士為龍頭，製造、設備和材料企業互為補充的產業鏈，還形成了龍仁、化成、利川等群聚。

其中，韓國半導體產業聚落發展所需的設備，有相當部分從韓國半導體企業或其他企業中分拆而來，而韓國政府和企業對其進行扶持。二〇〇九年以來，三星電子、海力士為了降低設備和原材料的海外依存度，通過股權投資、合作開發或產品採購等多種方式支援設備的本地化開發。例如，二〇〇九年底，三星電子、海力士聯合註冊發展低壓化學氣相沉積、蝕刻設備，銅製造工藝化學機械研磨設備，關鍵點測量設備，離子摻雜設備等。

此外，韓國的設備企業還借鑒了設計和製造企業的國際合作經驗，積極展開國際合作研發計畫。例如，二〇〇七年韓國與美國達成的合作研發協議中，在設計上與加州大學柏克萊分校合作，在製造工藝上與史丹佛大學合作，在設備材料上與德州大學達拉斯分校合作。得益於技術上的進步，國際半導體設備研發合作、標準制定組織也開始吸收韓國的設備企業參與，從而又進一步助推了韓國的積體電路產業發展。

二十世紀八〇年代至九〇年代，在日本與美國的半導體產業競爭中，英特爾向更高端的微處理器轉型，而日本企業的對美出口則受到了貿易挑戰。此時，以三星為代表，韓國積體電路企業瞄準了市場方向，以通用性強的動態記憶體為重點，在「逆週期投資」等策略下集中優勢對日本企業發起了趕超之路。二十世紀九〇年代，三星的動態記憶體「雙向型數據通選方案」被認定為產業標準後，韓國的動態記憶體產品全面超越日本。同時，在二十世紀九〇年代的全球積體電路垂直分工歷程中，韓國政府順應趨勢對晶片設計企業加以支援，加速了設計的國產化進程。其後，韓國企業在其產品系列向多領域擴展的同時，也逐步建立了上、中、下游完善的全產業鏈。

在該進程中，三星在進入初期用了半年時間蒐集和分析資訊，對技術和市場有了成熟的理解，並且制定了可行的發展策略，做好了很多隱性的知識儲備。除公開文獻外，隱性資訊重要來源是韓裔的美籍科學家和工程師，他們的建議為三星的顯性知識、隱性知識的消化吸收奠定了基礎。

這種「自上而下」的全產業鏈布局，與「自下而上」的從簡單到複雜工藝的集成，是韓國積體電路啟動時期的基本特點，其經驗帶給後來者諸多啟示。這種組織模式，又與韓國文化背景有著千絲萬縷的聯繫。在韓國，除三星電子外，由現代電子分離而來的海力士半導體（Hynix）也是全球動態存取和快閃記憶體晶片領域的重要廠商。在二〇〇一年從現代集團分離出來前，現代電子已經於一九九九年收購了ＬＧ半導體，分拆後則改名為海力士半導體。二〇〇四年，海力士將系統晶片業務出售給花旗集團，成為專業的記憶體晶片製造商。二〇一二年，韓國財閥ＳＫ集團宣布收購海力士，更名為SK Hynix。

以韓國、海峽兩岸為代表，東亞地區成了處理器晶片領域的重心。在全球其他地區的發展中，收購日本爾必達、總部位於美國愛達荷州的鎂光科技（Micron Technology）公司是為數不多的競爭者。鎂光科技成立於一九七八年，於一九八一年建立了晶圓製造廠，是全球記憶體和影像感測器晶片的有力競爭者，產品涉及動態隨機記憶體、ＮＡＮＤ快閃記憶體、ＣＭＯＳ影像感測器、半導體元件以及記憶體模組等。二〇一三年，鎂光交付了世界上最小的十六奈米ＮＡＮＤ快閃記憶體，二〇一四年推出業內首款單片集成 8Gb DDR3 SDRAM。二〇一五年，鎂光與英特爾聯合推出當時密度最高的快閃記憶體三維ＮＡＮＤ，利用垂直堆疊多層資料存取單元實現了與二維ＮＡＮＤ相比高三倍的容量，支撐產品的技術是鎂光與英特爾聯合研發的三維XPoint TM技術。

8 歐洲的半導體群聚，實力不容忽視

在歐洲，愛爾蘭，英國的蘇格蘭和康橋，德國的慕尼黑、德勒斯登和柏林，法國格勒諾勃和索菲亞工業區，瑞典隆德等地形成了半導體產業聚落。

英國聚落

英國有數十所高校從事積體電路研究，研發創新能力成為英國積體電路產業的支柱。從大學校園內孵化衍生的企業中，全球領先的積體電路知識產權模組供應商ＡＲＭ公司於一九九一年成立，其前身是艾康電腦研發的ＡＲＭ。當前，ＡＲＭ架構已為全球絕大部分的智慧手機和平板電腦所採用。成立於一九八五年的英國的ＩＰ供應商幻想科技集團（Imagination Technologies Group）也是業內頗具影響力的機構，其曾經服務的客戶包括蘋果、英特爾、三星和聯發科等。幻想科技的典型產品包括 Power VR 圖形處理器單元等，為蘋果所採用。在幻想科技發展順利的二〇一三年，該公司收購了採用精簡指令系統計算結構的美國晶片公司MIPS。其後，幻想科技又在歐美收購了數家從事WiFi和射頻產品開發的中小規模企業。此外，一些英國企業在晶片設計的細分市場中具有較強的競爭力，例如，位於英國劍橋的CSR公司（Cambridge Silicon Radio），早期主要從事音訊領域的技術開發，逐步發展成為世界知名的藍牙晶片設計企業。

德國聚落

除英飛淩外，德國還有Dialog等一批半導體企業。Dialog公司是混合訊號領域的設計公司，一度是增長最快的歐洲半導體上市公司，為全球客戶提供領先的節能技術，致力於智慧手機、平板電腦、物聯網、LED照明等應用，其產品主要包括高度集成的標準電路和定製混合訊號處理積體電路，系列技術包括電源管理系統節能技術、音訊技術、智慧藍牙技術、快速充電的AC／DC轉化技術及多點觸控技術等。此外，德國還有一批規模相對較小的企業，為德國提供了各產業所需的工業服務。例如，XFAB是德國的一家晶圓代工廠，主要進行混合訊號積體電路的製造，其業務中汽車電子約占一半，為寶馬等德國汽車企業提供配套。

在德國，薩克森州首府德勒斯登是最大的半導體基地，格羅方德、英飛淩、AMD等公司均在該地設立了機構，是歐洲最大的晶片製造基地之一。「薩克森矽谷」（Silicon-Saxony）是歐洲範圍內最大、最成功的半導體、電子技術和微電子技術的產業聯合會，為產業交流提供了組織服務。在歐盟範圍內，德國、法國、荷蘭、比利時四國組建了「歐盟矽谷」（Silicon-Europe），為歐盟範圍內積體電路相關企業交流提供了服務。

法國聚落

坐落於法國安提比斯西北部、尼斯西南部的索菲亞園區是法國創辦最早、規模最大的電子資訊園區，在政府推動下幾乎從零開始興建。在積體電路產業發展前，索菲亞園區只有尼斯大學，但是憑藉地理上的優勢，於一九六九年開始建設，逐步發展成為歐洲最大的高科技產業基地，以SKEMA商學院為首的多家高等教育機構、萬維網歐洲總部及歐洲電信標準協會在此落腳，包括數百家資訊科技企業在內的高科技企業入駐園區。這些資訊科技企業主要從事研發高端、高附加價值的產業和環節，只有少量企業展開小批量生產。

索菲亞園區已成為高校和研究機構最為集中的地區（包括很多招收留學生的國際學校），同時有各類孵化器和創業投資駐紮於此，再加上為各種交流提供服務的協會和俱樂部，每年有大量企業在此創立，同時多家跨國公司的研發中心和地區總部在此設立基地。在索菲亞園區，近一半的創業投資源於美國、新加坡、英國和德國等境外地區，而園區的技術人員則分別來自五十多個國家。

格勒諾勃科技園區位於法國東南部阿爾卑斯大區，位於阿爾卑斯山區、羅納河支流伊澤爾河畔，集聚了格勒諾勃綜合理工大學、傅立葉大學的多家實驗室以及十多家微電子企業。早期，該地是冶金、電機、紡織、造紙等工業基地。一九六七年法國原子能總署在當地設立 Leti 實驗室後，實驗室開發帶動了當地的微納技術發展。二十世紀七〇年代，歐盟將中子加速器和分子加速器部署於此，當地的高科技進一步發展。在二十世紀八〇年代曾經湧現了約兩百家新興企業，被譽為「法國的矽谷」。

格勒諾勃有近五分之一的工作人員參與科技研發，成為融合了教育、科研和產業的微技術和奈米技術研究基地，並擴展至奈米科技、微電子、人工智慧、新材料、醫療健康等領域。在那裡，從產品概念驗證到生產均能實現，打通了基礎研究到產品開發的全鏈條。在該地區的企業中，Soitec 半導體公司代表了先進的奈米級絕緣矽晶圓製造技術。

荷蘭啟示

以領土面積而言，荷蘭只是個小國。然而，在全球的半導體產業中，有超過四分之一的半導體設備來自荷蘭，由阿斯麥、恩智浦等企業領銜，荷蘭建立了較為完整的半導體產業鏈——在歐洲，只有荷蘭具備了這種實力。除恩智浦、阿斯麥、飛利浦等知名企業外，荷蘭還有一大批中小企業圍繞研發、設計、生產等環節展開積體電路的研發和應用。

荷蘭的成功，在於高度活躍的開放式創新，而開放式創新背後則是荷蘭人在科技發展上的務實、信任與合作。荷蘭是全球人均專利數量最多的地區之一，每天都有不同的創新火花在這裡碰撞。二十世紀九〇年代，荷蘭的恩荷芬市是最早實行「三螺旋」（Triple Helix）模式的城市。「三螺旋」中的三方是指學術界、產業界和政府，三者密切合作、相互推動，同時每一方都保持自己的獨立身分，每個「螺旋」不斷自我完善、協同發展，促成縱向進化特徵。在荷蘭的三螺旋模式實施中，人員循環、資訊循環和產品循環的橫向循環，與三個「螺旋」的縱向進化得到了良好的結合，阿斯麥與各方的合作、恩荷芬理工大學的做法等即為典型。相互作用的結果是伴隨著三股螺旋的橫向循環實現的。

三螺旋模式帶來的創新啟示在於，傳統創新模式中從基礎研究向應用開發轉化的鏈條過於簡單，忽視了不斷變化的市場需求。隨著產品反覆更新週期的不斷加快，「線性」模式的局限或將日益明顯，取而代之的則是充分考慮複雜的市場情況、強調跨學科研究和並行開發的創新，這在積體電路及其應用開發中表現得尤其明顯。荷蘭的成功在於，產業界、政府和研發機構高效協作，從而使各類創意有效開發。例如，恩荷芬理工大學附近的高科技園區內，各類人員充分地交流創意，探討合作空間。

荷蘭的開放式創新，還可以從阿斯麥的團隊成員、大學的國際化中看出。在阿斯麥一個三十餘人的部門內，很可能就有來自十個以上國家的人員參與其中，每個人的不同思維和態度在這裡碰撞，使得思維的火花得以轉化成為創新的技術。雖然荷蘭的大學不多，卻是歐洲大學中國際化做得最好的，採取了聘請外籍教師、參與國際計畫、設立跨文化課程等措施來培養國際競爭力和跨文化能力，而這或許可以詮釋阿斯麥能夠在「開放式創新」中領先的文化背景。

9 完美的管理，完美的失敗

六十年積體電路的發展，是被富有遠見的科學家、工程師和管理者所共同推動的。堅持和夢想、勇氣與魄力、遠見和卓識，賦予了積體電路產業發展的文化內涵，而文化內涵又孕育著對積體電路產業鏈和未來發展的戰略認知。這些認知，支撐著技術發展轉捩點和商業發展新週期中的決斷和執行力，推動著協同創新、垂直分工、商業應用的前行。

垂直分工，沒想像中容易

對於垂直一體化企業來說，由於設計工程師和製造工程師在同一家公司工作，電路設計和工藝流程對接比較順暢，從設計到製造完成所需的時間較短，其新產品從開發到上市的時間較短。由於具備資源內部整合、高利潤率以及技術領先等優勢，垂直一體化在積體電路的製造競爭中仍處於市場的主導地位，然而巨額的投資等因素使得成為垂直一體化企業十分不易，而很多垂直一體化也在往「輕資產」的方向轉型。

在垂直分工模式深化的過程中，設計公司、晶圓代工廠、知識產權模組供應商、封裝測試各有其成功之道。其中，設計公司是唯一直接面對客戶的一方，準確地把握市場需求、迅速開發適宜產品是其生存的必然要求。這也意謂著，除設計本身所需的技術融合、布圖設計能力外，此類公司必須有完整的驗證平台（在後來的發展中，主要表現為 SoC 驗證平台），同時對知識產權模組具有較強的融合能力。

對於晶圓代工廠來說，先進製造工藝是競爭的關鍵要素：越領先的工藝，毛利率越高，也越符合市場需求。除技術先進性外，產能投放和產能利用率也是競爭的重要因素：擴產或產能不足，都會影響企業的毛利率和淨利率，而產品良率和生產週期是晶圓代工廠的核心競爭力。預估客戶的產能需求、制定合適的產能計畫，是門深奧的學問。

對於封裝測試企業而言，成本則是關鍵的要素。隨著「超越摩爾」時代的到來，技術的作用或將日益突出。由此，對於積體電路產業鏈的各環節而言，技術的重要性都將日益增強。在封裝尺寸接近極限的情況下，功能性發展逐漸成為制約晶片性能提升的主要因素，異質融合將成為先進封裝技術的方向，與設計、材料設備相結合的一體化解決方案將成為制勝的關鍵。

對於處於最上游的知識產權模組供應商而言，從某種程度上看，設計公司構建了「基因組」，知識產權模組企業提供了基因。知識產權模組供應商主要通過授權費和版稅兩種模式獲得收益。這些企業將設計用模擬模型組成的設計套件部分（Design Kit）授權給設計公司，將硬核（GDSII）部分授權給晶圓代工廠商，其業務代表著尖端技術，往往由少數企業形成技術壟斷。除IDM、設計公司和晶圓代工廠自有的知識產權模組外，全球三大知識產權模組供應商ARM、MIPS和新思科技曾一度占據一半以上的協力廠商知識產權模組市場，其中ARM的物理庫知識產權模組優勢明顯，對競爭對手形成了高科技門檻。

決定企業未來發展的是市場價值網，而非管理者

面對積體電路產業日益提升的技術需求，以及技術攻略的協同要求，歐洲、日本、韓國、美國與台灣於二十世紀九〇年代末共同發起了繪製「國際半導體技術發展路線圖」（International Technology Roadmap for Semiconductors, ITRS），以協同產業界的能力對未來十五年內的研發需求作出預測，為企業、研發機構和政府決策提供指導。參與制定的組織包括歐洲半導體工業協會、日本電子與資訊技術工業協會、韓國半導體工業協會、台灣半導體工業協會和美國半導體工業聯盟。路線圖的第一版於一九九九年問世，此後每隔兩年做全面修訂，期間的一年只做更新。

為兼顧各半導體生產企業（英特爾、三星、台積電等）的核心技術秘密保護與研發需求分析，路線圖的討論側重於整體的發展規劃。國際半導體技術發展路線圖組織主席保羅・加爾吉尼

(Paolo Gargini)解釋說:「這樣就可以使每家企業都能對自己需要在何時做何事有一個大致的規劃,如果誰遇到了技術難題,就可以提前發出警報。」隨著對摩爾定律的拋棄,該路線圖二〇一八年更名為「國際器件與系統路線圖」(The International Roadmap for Devices and Systems)。

這些發展路徑,必然伴隨著巨頭隕落、後來者居上的過程。在積體電路的發展歷程上,二十世紀領先的積體電路企業(如每一時期的全球前十大積體電路企業)中仍然活躍於當前市場的已然不多。對此,二十世紀最有影響的商業書籍之一《創新的兩難》(*The Innovator's Dilemma*)中的一段論述可以很大程度上解釋其衰敗原因:「真正決定企業未來發展方向的是市場價值網,而非管理者;真正主導企業發展進程的是機構以外的力量,而非機構內部的管理者。管理者實際上只是扮演一個象徵性的角色。」

對於積體電路產業來說,其下游對應的電子資訊產業風雲變幻:擁有積體電路發展的鋪路者——貝爾實驗室的美國電話電報公司(AT&T)對互聯網的崛起、無線(移動)通訊的普及反應遲鈍,終究不再輝煌;世界無線通訊的先驅和領導者——摩托羅拉也曾是半導體產業最具競爭力的企業之一,但是實施「銥星計畫」時的戰略錯誤,使其最終敗給了英特爾,在數位訊號處理器業務上輸給了老對手德州儀器;再如,美國數位設備公司(Digital Equipment Corporation,簡稱 DEC)開發的 Alpha 架構優勢為後來 AMD K7 和申威處理器所證明,但是DEC公司卻因為市場經營不善、商業模式局限而走上被併購的命運。

這些企業都曾在半導體的發展歷史上留下了濃墨重彩的一筆，例如，貝爾實驗室的肖克利團隊發明了電晶體，開創了積體電路發展的新時代；貝爾實驗室的香農提出的資訊理論為積體電路的下游應用鋪平了道路。然而，這些企業最終以衰落而告終。

對於積體電路企業的競爭來說，在正確的賽道上是企業存活的前提，否則即便是再輝煌的巨頭也難逃隕落的命運。只有戰略方向上的正確，才能確保戰術上的最終成效；否則，戰術執行得越精確，只會導致偏離正確的戰略「賽道」越來越遠。《創新的兩難》中，有一句讓人十分傷感的描述：「就算我們把每件事都做對了，仍有可能錯失城池。面對新科技和新市場，換句話說面對新的價值網，導致失敗的恰好是完美的管理。」

反摩爾定律也能在相當程度上解釋這種困難。Google 前 CEO 艾瑞克．施密特（Eric Schmidt）在某次採訪中指出，「如果你反過來看摩爾定律，一個資訊技術企業如果和十八個月前賣掉同樣多的、同樣的產品，它的營業額就要降一半」。反摩爾定律意謂著量變創新已經無法跟上積體電路的發展速度，只有質變才能突破瓶頸。也就是說，大企業的高研發投入，如果無法轉化為「顛覆性」的技術轉移，也有可能被淘汰。在這種壓力面前，大企業的最好做法就是成立創業投資，通過外部創新彌補原有體系的內生動力不足。

葛洛夫曾在《十倍速時代》一書中總結，所有的企業都根據一套不成文的規則來經營，但是這些規則有時卻會變化，而且往往是翻天覆地的變化。然而，事前沒有明顯跡象為這種變化敲響警鐘。因此，能夠識別風向的轉變，並及時採取正確的行動以避免沉船，對於一個企業的未來是至關重要的。在葛洛夫看來，偏執狂的行動準則與節奏，與以往有所不同：上一個小時成就你的因素，下一個小時就顛覆你。無論企業或個人，都必須掌握這個節奏，否則就必須接受沒落的結局。「穿越戰略轉捩點為我們設下的死亡之谷，是一個企業組織必須歷經的最大磨難。」

在這個產業中，居安思危已是贏得未來發展、獲得產業尊重的基本要求。

第 3 部

唯創新者強

兩岸半導體發展啟示錄

雖然在早期，技術與科學研究是以未加計畫的、個體的方式進行的，可是到了今天，在任何主要國家，這種研究都是受到認真調控的。

——錢學森

1 中國大陸半導體業三個不應被遺忘的名字

晶片巨大的成就源自持續奮鬥，晶片創新的推進需要繼往開來。

美國仙童，中國大陸雁門薩氏

二十世紀五〇年代，在中國大陸開始研發積體電路的時候，仙童半導體等企業已經逐步進入了大型積體電路時代。祖籍福建的美國史丹佛大學博士薩支唐，時任美國仙童半導體公司物理部主任經理（一九五四～一九六四年），帶領六十四人的研究組從事第一代矽基二極管、MOS電晶體和積體電路的製造工藝研究，提出了半導體P—N結中電子——空穴對複合理論，和法蘭克·萬拉斯（Frank Wanlass）等共同開發出互補式金屬氧化物半導體場效應電晶體，還提出了金屬氧化物電晶體模型。

在二十世紀六〇年代仙童半導體的「離職潮」中，薩支唐博士回到本科時的母校伊利諾大學香檳分校擔任教授。從伊利諾大學香檳分校退休後，任佛羅里達大學電機和電子工程系教授、工學院首席科學家，一九八六年當選美國國家工程院院士，二〇〇〇年當選為中國科學院外籍院士，曾獲半導體工業協會（SIA）最高獎（一九九八年）等多項獎勵。

薩支唐的祖上是著名的雁門薩氏，這是中國大陸的一個以薩為姓氏的家族。第三世的薩都刺生於山西雁門，受元朝賜薩姓。一三三三年，薩都刺之侄薩仲禮遷基福建福州，其後人才輩出，出現了大量歷史名人。六百年來產生了九位進士、四十多位舉人、十位詩人，在近現代則出現了六位將軍、十二位博士、數十位學者、一位中央研究院院士和一位中國科學院外籍院士，包括海軍名

● 中山艦艦長薩師俊在武漢保衛戰中犧牲

將薩鎮冰、中山艦長薩師俊、電腦科學家薩師煊、物理學家薩本棟、化學家薩本鐵、微電子學家薩支唐、數學家薩支漢等。一九一〇年，薩鎮冰任清朝海軍大臣時從日本購回了永豐艦（一九二五年孫中山去世後改名為中山艦，意為「竟中山未竟之志，事中山未事之事」），一九三五年薩鎮冰的侄孫薩師俊被任命為中山艦艦長。一九三八年十月二十四日，在武漢保衛戰中，薩師俊與其他二十五名海軍官兵面對日軍飛機的轟炸，英勇無懼、頑強反擊，與中山艦一同沉入長江而殉國。

薩支唐的父親薩本棟於一九三七至一九四五年任廈門大學第一任校長，曾開創性地將並矢方法和數學中複向量用來解決三相電路問題，得到當時國際電工界的高度評價。一九五六年，薩支唐跟隨肖克利在工業界從事固態電子學方面的研究，一九五九年進入仙童半導體公司。在伊利諾大學和佛羅里達大學執教期間，薩支唐桃李滿天下，培育了一大批半導體科學家和工程師。他培養了一百多位世界級半導體技術科學家和工程師，其中包括電晶體短溝道理論發明者、英特爾四大技術大師之一 Leo Yau 博士和現任英特爾資深技術大師馬克·博爾（Mark Bohr）。

卓以和，分子束磊晶技術之父

薩支唐到伊利諾大學任教時，後來的「分子束磊晶技術之父」卓以和正在該校攻讀博士學位。卓以和出生於一九三七年，一九四九年到香港，一九五五年赴美在伊利諾大學求學，一九六一年、一九六八年先後獲該校的碩士、博士學位。卓以和對III－V族化合物半導體、金屬和絕緣體的異質磊晶和人工結構的量子阱、超晶格及調製摻雜微結構材料系統地展開了研究，是國際公認的分子束磊晶、人工微結構材料生長的奠基人與開拓者，當選美國國家科學院院士、美國國家工程院院士、美國科學與藝術學院院士、中國科學院外籍院士。

畢業後，卓以和初到貝爾實驗室，實驗室裡有許多當時頂尖的科學家，有什麼不懂都可以找到人請教，聊天時也能得到靈感。此後，卓以和在貝爾實驗室做了三十七年的研究工作，他開創性地成功研發量子阱級聯式新型雷射器，這被認為是半導體雷射器發展中的里程碑之一。

卓以和後來曾回憶起這一發明：「當時工業上沒有技術生產均勻而極薄的薄膜，我就思考能否利用離子發射機產生分子束做這項技術，果然成功了！這個技術能生產僅有頭髮千分之一厚度的薄膜，原理是將一層層原子射上去。發明時是一九七〇年，我只有三十二歲，這個年齡是科學家發明思想最旺盛的階段。」

對於研究和開發探索，卓以和有其自身的理解：「很多成功的革新者就像冰球運動員一樣，運動員要把握球的趨向：球往哪兒跑，運動員要往哪兒去；還有從統計學上來講，如果你不射門的話，球永遠不會進。但要預測科技發展趨勢並不是一件容易的事。比如，一九四三年ＩＢＭ總裁湯瑪斯·華森（Thomas Watson）預測『這個世界大概需要五台電腦』，而現在全球有多少電腦？一九四九年，還有人預測『電腦到最後可能會減少到一噸半重』，現在最輕的電腦重量是多少？一九八一年，比爾．蓋茨預測『個人電腦存取空間640ＫＢ就足夠了』，現在家用電腦存取空間有多大？能否預測精確並不重要，關鍵是他們的預測方向是對的，並能按照這個方向去探索。」

二十世紀八〇年代，受限於北大西洋公約組織禁運原料到中國大陸的政策，卓以和回國只能為國內研究者修改技術藍圖，此後他把二十世紀九〇年代發明的量子阱級聯式新型雷射器的材料構造與生長技術和方法帶回國內。卓以和說：「我愛國並非是想要出名或者怎樣，就是希望國家變得更強！」

胡正明，立體型結構鰭型電晶體

二十世紀九〇年代末，業界對於摩爾定律能否延續就已經有所懷疑：因為按照傳統的經驗，電晶體做小後就沒辦法關閉。美國加州大學柏克萊分校的華人科學家胡正明領導的團隊，在二十五奈米以下的ＣＭＯＳ技術研發中，分別於一九九九年發明了立體型結構的鰭型電晶體，於二〇〇〇年發明了ＳＯＩ的超薄絕緣層上矽體技術即完全空乏型電晶體，解決了電流控制能力急劇下降、漏電率相應提高的難題，使摩爾定律得以延續。

新型的電晶體可以使單個電腦晶片的容量比從前提高四百倍，對此胡正明曾解釋：「過去我們一直用平面結構來思考晶圓的發展，因此尺寸的縮小就有了極限，最後在發現電晶體不必是平面之後，既有的定律就會被打破。」胡正明一九四七年出生於北京，成長於台灣。一九七三年獲美國加州大學柏克萊分校博士學位，一九九七年當選美國工程科學院院士，二〇〇七年當選中國科學院外籍院士。在發明鰭型電晶體後，胡正明曾任台積電的首席技術長，帶動了台積電的技術發展。這位新竹科學園區有史以來第一位獲數理組院士的半導體業人士，當時被稱為「台灣第一技術長」。二〇〇四年，胡正明回到加州大學任教，此後在學術領域屢創高峰，在電晶體尺寸及性能研發上屢次刷新世界紀錄。

胡正明曾在多次訪談中談及自己兒時的學習成長經驗。胡正明曾說，自己的數學並不是很好，但喜歡琢磨事物：胡正明很小的時候，就在思考一張紙剪一半、再剪一半，可以剪到多小，終究會不會有無法再剪下去的一刻，這個問題始終困擾著他。或許，這些潛意識裡的思考，正是其發明思想的源頭。還有一次，胡正明的父親告訴他鬧鐘會響，是因為有小人住在裡面，他不相信便拆了鬧鐘來弄清楚。「很多人數學不好，因此便覺得自己不適合當科學家或發明家，其實如果有興趣，也可以接受訓練，可以投入研究，為世界解決問題。」

2 國際技術封鎖，只好自力更生

久經磨難的中國大陸在近代歷史上幾番努力，才終於迎來了偉大飛躍。中國大陸晶片產業的搖籃，要從建國初期說起……

第一個半導體專業化培訓班誕生

一九五一年，三十歲的謝希德從麻省理工學院理論物理專業畢業。在李約瑟的擔保下，歸國心切的謝希德來到英國，與英國劍橋大學生物化學系博士曹天欽完婚。次年，謝希德和曹天欽從英國輾轉印度等地，回到了中國大陸的懷抱。回國後，謝希德在復旦大學物理系任教，從無到有開設了固體物理學、量子力學等課程。

謝希德在復旦大學開設課程的同時，黃昆在北京大學開設了普通物理、固體物理和半導體物理課程。黃昆一九四五年赴英國留學，其博士生導師內維爾・法蘭西斯・莫特（Nevill Francis

Mott）因非晶片半導體的電子結構方面的貢獻，後來獲諾貝爾獎。黃昆於一九五一年十月回到中國大陸，其後在北京大學任教，其課程頗受學生的歡迎。

在一九五六年「向科學進軍」號召之下，黃昆參與了為期十二年的「一九五六～一九六七科技發展遠景規劃」制定，提出要儘快培養半導體專業人才，以適應產業發展需要。當時，「一九五六～一九六七科技發展遠景規劃」將半導體、無線電、自動化、計算技術列入了四項緊急措施（原子能和導彈技術因屬國防計畫當時未公開）。規劃制定的過程中，高等教育部決定自一九五六年暑假起將北京大學、復旦大學、南京大學、廈門大學和東北人民大學（後改名為吉林大學）的物理系部分教師和四年級本科生、研究生集中到北京大學物理系，建立中國大陸第一個半導體專業化培訓班。當年，北京大學創建了中國大陸第一個半導體物理專業，由黃昆任半導體教研室主任，謝希德任教研室副主任。

在教學的過程中，黃昆和謝希德歷時一年，潛心編著了《半導體物理》一書，該書成為中國大陸半導體領域第一部系統性著作，至今仍是半導體領域的經典教材。在黃昆、謝希德、高鼎三、林蘭英、王守武、黃敞、朱貽瑋、王陽元、許居衍、俞忠鈺等人的努力下，新中國大陸的積體電路人才培養和工業建設由此起步，為中國大陸半導體和積體電路事業的發展紮實了根基。在一九五六～一九五八年兩年的培養中，三百多名青年科技工作者得以成長起來，不少人才後來成為中國大陸半導體領域發展的中堅力量，例如中國科學院院士王陽元、中國工程院院士許居衍、微電子專家俞忠鈺等人。

一九五八年，為培養固體物理專門人才，謝希德調回復旦大學，任復旦大學與中國科學院上海分院聯合主辦的技術物理研究所副所長，堅持應用技術和基礎研究並重的策略，和同事一起為上海半導體工業發展和基礎研究奠定了基礎。面對實驗技術人員非常缺乏的現實，謝希德建立了上海技術物理中專，培養的實驗員後來又補齊了大學課程，成為半導體產業發展的重要力量。

源自黃昆、謝希德等人的努力，中國大陸早期積體電路發展走的是自主研發的道路。在國際的技術封鎖下，中國大陸的研究人員、技術人才和產業工人自力更生、從無到有奠定了積體電路的發展根基，這與日本、韓國和台灣以技術引進起步的模式有所不同。凝視改革開放前的中國大陸積體電路自主研發歷史，在今天仍然有很強的啟示意義。在這一發展歷程中，積體電路產業鏈所需的材料、裝備、設計和生產同步配套、集中攻略、多點突破、全面開花。

抗美援朝開始後，以國防電子通訊為主要管理領域的電信工業管理局成立，此後北京電子管廠、北京電機總廠、華北無線電器材聯合廠（下轄七〇六、七〇七、七一八、七五一、七九七、七九八廠）、北京有線電廠（七三八廠）、上海元件五廠、上海電子管廠、上海無線電十四廠，以及華北光電技術研究所、華東計算技術研究所、由時任中國科學院數學研究所所長華羅庚負責的電腦科研小組、中國科學院半導體研究所、河北半導體研究所（後為中國大陸電子科技集團第十三所）等成立。第四機械工業部成立後，國營東光電工廠（八七八廠）、上海無線電十九廠又於一九六八年組建，一九七〇年建成投產。二十世紀七〇年代，「電路熱」的背景下全國又興建了甘肅天水永紅器材廠（七四九廠）、甘肅天水天光積體電路廠（八七一廠）、北京東光電工廠（八七八廠）、貴州都勻風光電工廠（四四三三廠）、湖南長沙韶光電工廠（四四三五廠）等四十餘家積體電路工廠。

從這個角度上看，中國大陸早期的半導體產業發展，走的是與美國類似的「源頭創新」道路。從應用上看，中美兩國的早期半導體發展也走的是類似的路徑——以國防應用為主。在中國大陸，早期的半導體產品主要用於航空、航太、導彈、雷達、國防通訊、國防的電腦等領域，而民用產品則以收音機為代表。

儘管中國大陸早期的積體電路發展與美國有差距，但是這些努力都是從無到有的起步，殊為不易。一九五七年，中國大陸通過還原氧化鍺拉出了鍺單晶，並相繼研製出鍺點接觸二極管和三極管，這距離美國貝爾實驗室發明半導體點接觸式電晶體約十年時間。仙童半導體發展平面工藝技術五年後，中國大陸同樣發展了平面工藝技術，製成了矽平面型電晶體。

仙童半導體發明積體電路六年和七年後，中國大陸分別成功研製二極管——電晶體邏輯電路、電晶體——電晶體邏輯電路。美國開發首台全電晶體電腦 RCA 5016 後，中國大陸的首台全電晶體電腦441—B—I問世。德州儀器為美國空軍研發出首台基於積體電路的電腦七年後，中國大陸研製了首台採用二極管——電晶體邏輯電路的電腦。美國無線電分別製成金屬氧化物半導體電晶體、金屬氧化物積體電路器件六至八年後，中國大陸先後製成了P型金屬氧化物半導體電路、N型金屬氧化物半導體電路和互補金屬氧化物半導體電路。英特爾推出1KB動態隨機記憶體一年後，中國大陸自主研製的大型積體電路開始起步，並於一九七五年設計出第一批三種類型的（矽柵NMOS、矽柵PMOS、鋁柵NMOS）1KB動態隨機記憶體。

此外，這一時期的積體電路生產用設備也大多依賴自主開發。在「消化吸收、融會貫通、推陳出新、舉一反三」的路線下，二十世紀五〇年代末引進的蘇聯技術、二十世紀七〇年代尼克森訪華後通過特殊管道購買的少量歐美單機設備，也成為了自主發展的借鑒，其技術由此融入了自主體系。例如，這一時期中國科學院上海冶金所開發了離子注入機，在改革開放初還曾出口到日本。

白手起家，中國第一台電晶體電腦「441—B」

自力更生的意識，使得引進蘇聯技術的過程中，中國大陸團隊自主研發的意識始終沒有鬆懈，創新突破的腳步沒有停滯。這才使得一九五七～一九六〇年蘇聯逐步撤走專家的過程中，中國大陸的半導體和積體電路發展事業不僅沒有停滯，還突破了一個又一個技術難關。讓我們重溫一下一九五七年八月二十三日的國務院通知：「各部門聘請蘇聯專家必須嚴格貫徹少而精的原則，只有工作上確屬需要的新技術、新專業和薄弱環節才可聘請專家，同時，要注意凡能聘請短期專家解決的，就不要聘請長期的專家，凡能夠幾個單位合聘的就要合聘。」

在這樣的時代背景下，黃昆、謝希德等科學家培養的人才茁壯成長，例如康鵬發明「隔離——阻塞振盪器」（後被稱為「康鵬電路」）的歷程就是最為生動的說明。一九五八年，中國大陸開始研製一〇九乙電晶體電腦，然而安裝完成後的一〇九機通電幾分鐘便重複出現故障，此時國外同行斷言中國大陸五年內研發不出電晶體通用電腦。一九六一年，國防科委決定安排哈爾濱軍事工程學院參與電晶體電腦研製，時任哈爾濱軍事工程學院電子工程系主任慈雲桂找康鵬談話：「你有膽量，也有才能，研發半導體電腦的任務交給你。」慈雲桂之所以看重康鵬，除了康鵬在清華大學的自動控制專業進修經歷外，還因為他未畢業就成功開設了新課程《脈衝技術與數位電路》，並且編寫了四十萬字的講稿。一九六二年，哈爾濱軍事工

● 441—B—1 電腦

程學院的電晶體電腦設計組成立，慈雲桂負責設計組的管理工作，康鵬擔任副組長。擺在新成立的設計組面前的首要難題就是：合格的電晶體短缺，已有的電晶體不穩定、壽命短。

在慈雲桂的支援下，時年二十五歲的康鵬「用國產的參數不一致的電晶體，建構出一致的、波形寬度標準的電路」，發明了「隔離——阻塞振盪器」，解決了電晶體產品不穩定的難題。一九六四年，四機部發文稱康鵬電路「是一種具有良好整體特性，並且除了能完成通常變壓器二極管組成的『與』、『或』邏輯外，還有阻塞功能的單元電路。尚未見過具有類似功能和特點的電路，同意列為發明」。在康鵬電路的基礎上，哈爾濱軍事工程學院成功開發了中國大陸第一台電晶體電腦「441—B」，在「兩彈一星」、海軍和空軍、大慶油田等諸多領域中應用，發揮了巨大作用。

在「文化大革命」中，中國大陸的積體電路研發並未止步。一九七二年，中國大陸自主研製的P型金屬氧化物半導體大型積體電路在永川半導體研究所誕生。一九七五年，王陽元在北京大學設計出第一批1KB動態記憶體。一九七八年，王守武帶領徐秋霞等人在中國科學院半導體所成功研製4KB動態隨機記憶體，次年在一〇九廠量產成功。由此可見，中國大陸的積體電路是從無到有建設起步的。

在自主研發的同時，中國大陸也曾試圖引進國外技術。美國總統尼克森訪華後，一九七二年中國大陸從歐美引進技術，建設了四十多家積體電路廠，包括第四機械工業部下屬的甘肅天水永紅器材廠（七四九廠）、甘肅天水天光積體電路廠（八七一廠）、貴州都勻風光電工廠（四四三三廠）、湖南長沙韶光電工廠（四四三五廠）和航太六九一廠等。這一年，中日邦交正常化。

一九七三年，中國大陸的積體電路考察團參觀訪問了日本的日立、東芝、日本電氣、松下、三菱、富士通、夏普的半導體設計、生產、製造和設備等。此時，日本已採用三吋矽晶圓展開生產，而考察團的成員對於如何趕超展開了爭論，主要有引進技術和只引進設備兩種觀點。但是，在當時的時代背景下，引進措施並沒有得到執行。

儘管白手起家、道路坎坷，但是老一輩的科學家仍以其堅韌不拔的精神，努力為中國大陸積體電路發展打下基礎，仍然閃耀著智慧的光芒，彰顯著探索的勇氣，這是後來中國大陸積體電路發展的起點。

3 轉型的困難與出路

市場倒逼的壓力如何成為轉型升級的動力，需要產業認識的深化、技術能力的提升和經營模式的轉變。站在歷史的峰巒之上，才能夠看清來時的道路、前行的方向。

驪山爆出的「火花」，傳送至北京、上海

作為蘇聯援助中國大陸建設的一百五十六項工程之一，一九五六年十月十五日，位於酒仙橋工業區的北京電子管廠開始建設。

一九五七年，北京電子管廠開始籌建半導體實驗室。此外，當時酒仙橋還建起了北京電機總廠、華北無線電器材聯合廠、北京有線電廠（七三八廠）、華北光電技術研究所等單位。一九五七年，北京電子管廠拉出鍺單晶片，並研製出鍺電晶體。次年，中國科學院的王守武、王守覺兄弟研製出中國大陸第一批鍺合金高頻電晶體，並成功應用至當時的一〇九廠（現中國科學院微電

子所）的一〇九乙電腦上。一九五九年，林蘭英帶領團隊拉出了矽單晶片，李志堅則帶領團隊拉出了高純度多晶矽。

一九六〇年，中國科學院半導體所和河北半導體研究所正式成立。這一年，黃昆、王守武、王守覺、林蘭英開始了平面光刻技術的研發，並於三年後開發出五種矽平面器件，成功應用於一〇九丙電腦上。一九六五年，王守覺在約一平方公分大小的矽片上刻蝕了七個電晶體、一個二極管、七個電阻和六個電容的電路，標誌著新中國大陸第一塊積體電路由此誕生。

其間，德州儀器和仙童半導體已經開始了積體電路的發展歷程，從美國回來的黃敞將「積體電路」的概念帶回到國內。黃敞的父親黃修青畢業於上海交通大學，母親袁韻琴畢業於上海知名高校。出身於書香門第的黃敞勤奮好學，考取了西南聯合大學電機系，抗戰勝利後跟隨清華大學回到北京，一九四八年留學美國。黃敞獲得哈佛大學博士學位後，就職於雪爾凡尼亞半導體廠，先後擔任了高級工程師和工程經理，獲得了十項專利，已小有成就。

然而，此時生活條件已經頗為優渥的黃敞，毅然決然地放棄在美國的永久居留權，與妻子楊櫻華申請環球旅行，輾轉約十個國家和地區回到中國大陸的懷抱，把當時國際上最前端的研究帶回國內。此時，北京大學物理系的半導體團隊已經組建，黃敞先是在北京大學任副教授，後來又到中國科學院計算技術研究所任十一室主任、副研究員。一九六五年，黃敞在中國科學院一五六工程處（後來改為第七機械工業部的七七一所）開始了航太微電子的探索，在做出了巨大貢獻後於一九八六年任航天部科技委常委。

在航太微電子事業的探索期間，黃敞扎根當時地處「三線建設」的驪山，率先在國內探索了矽積體電路的工藝研究和生產線的建設，研製成功了國內首台圖形發生器、電晶體——電晶體邏輯小規模積體電路和CMOS積體電路系列產品。他發明的「載流子總量分析方法」可用於各種積體電路與器件分析，開創了中國大陸器件類比和模擬、工藝優化的新路徑。在開創記憶體等研發先河的同時，黃敞等人在七七一所的成就，還將積體電路發展的新「火花」傳播至北京、上海等地的半導體工廠，促進了中國大陸半導體事業的崛起。改革

● 北京電子管廠

開放後，黃敞一邊繼續半導體產業的探索，一邊培養人才，其中包括張興、武平等一大批專業人才，可謂桃李滿天下。

在黃敞將「積體電路」的概念帶回到中國大陸時，當時一般仍將「積體電路」稱為「固體電路」，新中國大陸的第一塊固體電路就此從文獻研究中起步。一開始設計的固體電路，是二極管電晶體邏輯型反及閘電路，這是電腦布林代數裡最基本的電路。在生產過程中，正如「兩彈一星」的研發還運用了算盤這些最為基礎的工具，二十世紀六〇年代中國大陸仍買不到國際上的半導體專用設備，用於半導體生產的擴散爐、光刻機、蒸發台、外延爐等設備還靠大學生完成工藝畫圖後，再到機械加工車間加工，這便是最早的矽平面管開發所用設備。

北京電子管廠的第一個用戶是華北計算技術研究所（十五所），雙方在研發過程中密切合作，華北計算技術研究所協助完成試製樣品的測試和分析。除了北京電子管廠外，中國科學院半導體研究所、中國科學院計算技術研究所一五六工程處和北京市無線電器件研究所（沙河研究所）、河北半導體研究所（十三所）、上海元件五廠等也展開了研發。一九六五年年底，河北半導體研究所召開新產品設計定型會，在國內第一家鑒定了固體電路產品：採用介質隔離的二極管——電晶體邏輯型數位邏輯電路。由於河北半導體研究所和北京電子管廠採用相同的工藝，因此華北計算技術研究所研製的第三代電腦樣機就由前兩者共同作為供應商，分別負責技術難度大和規模大的電路供應。一九六七年，華北計算技術研究所採用這些固體電路的成果展出，成為中國大陸自主研發的第一批第三代電腦之一。上海元件五廠則與華東計算技術研究所展開合作，在一九六六年底召開電晶體邏輯型電路產品鑒定會。

一九六三年，中央政府組建主管全國電子工業的第四機械工業部（一九八二年改組為電子工業部），由通訊專家王諍中將任部長。一九六七年，第四機械工業部開始規劃在大後方三線地區新建三座固體電路工廠（八七七廠、八七八廠和八七九廠），但是又覺得在山溝裡新建工廠太慢，於是一九六八年第四機械工業部決定在北京籌建國營東光電工廠（八七八廠），而八七七廠和八七九廠則分別在陝西和四川建設。在抽調北京電子管廠的技術人員後，東光電工廠開發出第一塊固體電路樣品：二氧化矽介質隔離的二極管——電晶體邏輯型反及閘電路。此時，國內的半導體專用設備已較之前有所起步，而在學習上海元件五廠的開發經驗後，東光電工廠也生產出電晶體邏輯型反及閘電路。

就在這樣的艱苦摸索中，北京大學電子儀器廠在一九七二年研製成功中國大陸第一台一百萬次大型電腦。就這樣，北京電子管廠建成了專業化的積體電路工廠，為中國大陸的國防和工業提供了早期的積體電路產品。同時，該廠還展開了電視機電路、錄音機電路的早期研發，建成了中國大陸第一個用於半導體積體電路生產的潔淨廠房。

一九八〇年，東光電工廠從國外引進三吋晶片生產線，並在此後加快了金屬氧化物半導體的研發，中國大陸第一條三吋工藝線上生產了雙極型線性電路工藝和金屬氧化物半導體型數位電路工藝。後來，CMOS電路也得到了開發。二十世紀八〇年代中期後，由於多種原因，東光電工廠逐漸退出了積體電路產業。同時，北京電子管廠在「三七」工程總體整機計畫進展不順利的情況下，也逐漸退出了積體電路產業。此後，原北京電子管廠的年輕廠長王東升帶領員工自籌六百五十萬元資金進行股份制改造，創辦了北京東方電子集團股份有限公司，後更名為京東方科技集團股份有限公司。

與北京電子管廠相對應，上海元件五廠則是南方地區的積體電路發展搖籃，在計畫經濟時代專注於雙極型數位電路的生產。一九六八年，上海組建無線電十九廠，並於一九七〇年建成投產，以生產二極管——電晶體邏輯積體電路、電晶體——電晶體數位積體電路為重點，與東光電工廠形成了當時中國大陸積體電路產業中的南北兩強。此時，一九六八年國防科委在四川永川成立了類比積體電路研究所——固體電路研究所（即永川半導體研究所，現中國電子科技集團第二十四所）。

海外引進之路：要有「使用者需求」意識

一九七三年，中日邦交恢復一周年之際，中方組織了十四人的電子工業考察團赴日本企業考察積體電路產業，但是由於政治和資金方面的原因，考察過程中全線引進日本電氣生產線的計畫未能實現。改革開放後，位於江蘇無錫的江南無線電器材廠（七四二廠）從日本東芝公司全線引進了黑白電視機和彩色電視機的積體電路生產線投產，這是中國大陸第一次全面地投產海外引進的積體電路生產線。江南無線電器材廠引進的生產線，包括三吋的矽片生產線和封裝線，當時計畫年產兩千六百四十八萬塊雙極型消費類線性電路（用於電視機和音響）。

一九八四年，江南無線電器材廠年產三千萬塊積體電路，成為當時中國大陸技術最先進、規模最大的積體電路企業。回顧江南無線電器材廠的發展歷程，就不得不提起原廠長王洪金。一九六〇年，江南無線電器材廠成立，當時有兩百多人，以生產軍品半導體仿蘇二極管為主要產品。一九六三年，江南無線電器材廠歸屬國家第三機械工業部第十管理總局（代號「國營第七四二廠」），並要求江南無線電器材廠停止小商品生產、重點攻略半導體。這一年，王洪金來到七四二廠工作。王洪金參加過解放戰爭、抗美援朝戰爭，在部隊裡學習了無線電通訊技術。在擔任七四二廠廠長期間，王洪金帶領全廠貫徹「軍品第一」、「品質第一」的思路，提升了工廠的技術水準和生產能力，同時規範了生產管理，七四二廠先後九次榮獲國家金牌產品、八次榮獲國家銀牌獎品、國家級企業技術進步獎、國家一級企業等稱號。

二十世紀七〇年代，江南無線電器材廠及時調整方向，將其產品從軍品拓展至半導體收音機、答錄機等民用電晶體。當時，王洪金認為需要在與大廠的電路競爭中，另闢蹊徑地主攻分立器件，於是分立器件成了江南無線電器材廠的特色產品，最高時其國內市場占有率高達六十％至七十%。

一九七七年，中國大陸決定從日本引進彩色顯像管生產線，同時也計畫引進配套的線性積體電路生產線，其中積體電路生產線定點在江南無線電器材廠。一九八〇年五月，三吋的矽片生產線開始建設，並於一九八二年十月投產。一九八二年十月十四日中日雙方舉行驗收交接儀式，後道工序投入試生產，一九八五年六月二十五日全面通過國家驗收正式投產。總投資二．七億元，設計年生產能力積體電路兩千六百四十八萬塊。

在引進線的產品生產上，江南無線電器材廠曾經產生了分歧：有的人認為需要完全按照日方的產品標準進行生產，有的人則認為要以當時國內使用者要求為導向來加以生產。最後，江南無線電器材廠做出了在探索以使用者標準為導向的生產決策，這在當時來說已是很有「市場意識」的抉擇。透視歷史可以發現，也正是因為有了這樣的意識，才使得江南無線電器材廠得以在全國的工廠中脫穎而出，建成國內第一座現代化的積體電路工廠，使微電子工業開始實現規模經濟。江南無線電器材廠的這一決策，也能看出江蘇積體電路產業為什麼能夠在二十世紀八〇年代從以軍工、電腦和儀器儀表配套為主的數位積體電路，向以彩色電視機、收錄機（音響）、通訊機（無線電通訊和程式控制電話）、機電儀器等產品配套為主的專用積體電路轉型。

一九八七年，江南無線電器材廠的產量已近全國同類產品的四十%。此時，江南無線電器材廠響應電子工業部「一家引進，多家受益」的號召，向國內其他企業推廣積體電路生產技術，帶動了人才支援、技術資料和管理經驗。這一年，無錫微電子工程科研中心開工建設，其背後則是中國大陸「七五」期間微電子產業的布局。在「七五」布局中，中國大陸認識到與國際先進水準的巨大差距，因而立項開始建設無錫微電子工程，並落戶於江南無線電器材廠。一九八三年，電子工業部決定由永川半導體研究所（即後來的中國電子科技集團公司第二十四研究所）抽調五百人在無錫建立分所，組建無錫微電子科研生產聯合體，攻略二至三微米工藝大生產技術等。科研生產聯合體成立後，先後研製和生產了64KB和256KB動態隨機記憶體。

在聯合攻略的模式下，無錫微電子聯合公司於一九八五年註冊成立，一九八九年以該公司為基礎的中國華晶電子集團公司成立，而科研中心則更名為華晶公司中央研究所。一九八九年二月，機電部在無錫召開「八五」積體電路發展戰略研討會，提出了「加快基地建設，形成規模生產，注重發展專用電路，加強科研和支援條件，振興積體電路產業」的發展戰略。

在二十世紀八〇年代和九〇年代初，先是日本在處理器晶片領域趕超了美國，後是韓國又趕超了日本。在鄰國的產業發展經驗啟示下，一九九〇年八月國家計委和機電部在北京聯合召開了座談會，一九九二年國務院決定實施「九〇八工程」。「九〇八工程」集中投資二十多億元，其目標是在無錫華晶建成一條月產一．二萬片、六吋、〇．八至一．二微米的晶片生產線。但在「九〇八工程」正式批覆前的一九九〇年，華晶MOS生產線開工建設已經啟動。

在多種因素的綜合作用下，「九〇八工程」投產較慢，此時國外的競爭對手已沿著摩爾定律的路徑實現了四五代的技術領先，華晶投產當年出現了虧損。一九九八年一月，「九〇八工程」華晶計畫通過對外合同驗收。一九九八年二月，華晶將部分設備租給香港上華半導體公司，後者引進美國和台灣的團隊。

在改造華晶的過程中，曾經創辦茂矽電子的陳正宇求助於剛從德州儀器退休的張汝京。不過，由於身分限制，不到三個月張汝京便被台灣硬拉回去。儘管如此，在張汝京等人的協助下，華晶在一九九八年二月至八月完成了改造任務，並於一九九九年五月實現了盈虧平衡。一九九九年，上華持股五十一％、華晶持股四十九％的無錫華晶上華半導體公司成立，二〇〇二年華潤集團完成對華晶的收購。從江南無線電器材廠到無錫微電子聯合公司，再到華晶電子集團，是改革開放以來中國大陸微電子企業轉型發展的縮影之一。

二十世紀八〇年代初，在電子廠自己找出路的大背景下，大量工廠出國購買技術和生產線，自主研發的思路逐漸被引進所替代。一九八〇年，在航天六九一廠（後來併入航天七七一所）工作的侯為貴被派往美國考察生產線，他於一九八五年到深圳創辦了中興半導體。然而，在巴黎統籌委員會（簡稱「巴統」）的技術限制下，中國大陸引進的只能是先進國家淘汰的二手設備，並未形成核心技術的優勢。

治散治亂，建立南北兩個基地和一個點

在那個時候，美國和日本的微處理器和處理器晶片快速發展，個人電腦正在快速興起。面對這一形勢，一九八二年，國務院成立了以副總理萬里為組長的「電腦和大型積體電路領導小組」，制定了中國大陸積體電路發展規劃，提出「六五」期間要對半導體工業進行技術改造。一九八三年，國務院大型積體電路領導小組提出「治散治亂」、「建立南北兩個基地和一個點」的措施，其中北方基地主要指北京、天津和瀋陽，南方基地主要指上海、江蘇和浙江，一個點是指為航太配套的西安。

在國務院成立大型積體電路領導小組的那年，國家還決定成立電子工業部。一九八六年，電子工業部在廈門舉辦積體電路戰略研討會，提出「七五」期間中國大陸積體電路技術「五三一」發展戰略——「普及五微米技術、研發三微米技術，攻關一微米技術」，並推出了積體電路「七五」產業規劃（一九八六～一九九〇年），在上海和北京建設南北兩個微電子基地。

一九八七年北京燕東微電子聯合公司成立，一九八八年由上海市儀表局、上海貝爾公司合資設立上海貝嶺公司。北京燕東微電子由北京器件二廠的技術改造而成，上海貝嶺則引進了全新工藝設備，新建了潔淨廠房。此後，在首都鋼鐵公司拓展企業經營範圍的背景下，燕東公司劃歸首鋼。一九九八年，上海貝嶺改制上市後更名為上海貝嶺股份有限公司，成為國內積體電路產業的

第一家上市公司。一九九九年，上海儀電控股將持有的上海貝嶺國家股劃撥到上海華虹（集團）有限公司，華虹集團成為公司第一大股東。燕東公司則自一九九七年開始，將產品重心由積體電路轉向分立器件，在分立器件領域立足後回頭積極開發雙極型類比電路產品，並於二〇一二年實現了集成化整合。

一九八八年，上海的半導體企業開始了合資模式的探索。這一年，上海無線電十四廠引進技術計畫、建設新廠房，成立了中外合資的上海貝嶺微電子製造有限公司。同年，上海無線電七廠和荷蘭飛利浦公司合資成立上海飛利浦半導體公司（一九九五年更名為上海先進半導體製造有限公司，二〇〇四年改制為上海先進半導體製造股份有限公司），生產大型積體電路。

上海無線電十四廠成立於一九六〇年七月二十一日，由一亞電工廠和交直電工廠合併而成，建廠初期的矽器件產品主要包括整流管、穩壓管、高壓矽柱、可控矽。隨著平面技術的應用，上海無線電十四廠又確立了金屬氧化物半導體的主導方向，生產的場效應管有金屬氧化物半導體型、結型、光敏、氫敏場效應管等，一時成為國內主要的場效應管生產廠。

一九八八年，上海貝嶺微電子製造有限公司成立，當時的主要業務是為上海貝爾電話設備製造有限公司配套提供通訊用大型積體電路。在合資的過程中，占股四十%的上海貝爾電話設備製造有限公司是中國郵電工業總公司和阿爾卡特貝爾及比利時王國政府合作基金會合資經營的企業（中方占股六十%），成立於一九八四年，以數位程式控制機系統為主要產品。

一九九五年，上海貝嶺微電子為滿足S1240局用數位交換電路升級的需要，建設了一．二微米生產線。同年，面對交換機市場的激烈競爭，上海貝嶺微電子成立新產品研發設計中心，積極開發各種新產品，包括卡拉OK電路、遙控器電路、微控制器等，自此其產品結構已從程式控制交換機電路擴展至其他多種電路。一九九七年，上海貝嶺微電子已經擁有四吋生產線，年產能十六萬片。當年，公司的程式控制交換機電路占國內市場的三十%，主要客戶為上海貝爾；卡拉OK混響電路占國內市場的五十五%，客戶包括長虹電視機廠以及廣東、江蘇、上海等地的八十餘個客戶；彩電、音響遙控器電路占國內市場的二十%，客戶包括康佳、青島海信等三十餘個；電子電度表電路占國內市場的九十%，客戶包括寧夏宇光、南京三能、上海恒通等四十餘個；金卡晶片占國內市場的八%，客戶包括上海長豐、北京華旭等四十餘個；電話機撥號電路占國內市場的三%，客戶包括深圳創維以及廣東、福建等地共二十個。

上市後，上海貝嶺一直堅持垂直一體化發展模式。二〇〇七年，以上海貝嶺的先進電源事業部為基礎，成立了上海嶺芯微電子有限公司，由此貝嶺開始了新模式的探索。此前的二〇〇三年，先進電源事業部通過結合華虹集團的工藝工程師團隊成立了貝嶺的設計和生產線。二〇〇六年，貝嶺與海外回國的電源管理團隊簽署孵化協定，孵化條件比原計畫提前兩年實現，因而上海貝嶺開始探索孵化模式。在上海嶺芯微電子有限公司成立後，上海貝嶺還向上海韜井微電子有限公司、蘇州同冠微電子有限公司、上海阿法迪智慧標籤系統技術有限公司等企業進行了投資。

二〇〇九年，華虹集團通過分立方式重組後，中國電子信息產業集團有限公司成為公司第一大股東。二〇一〇起，上海貝嶺的主要產品為電力計量晶片、液晶顯示器驅動晶片、射頻識別晶片、微控制單元晶片、電源管理晶片。此時的上海貝嶺，仍然以垂直一體化模式為主，建有四吋的類比積體電路製造產線。

二〇一二年九月，上海貝嶺子公司上海貝嶺微電子製造有限公司生產車間發生火災，直接導致公司當年停產。意外的火災發生後，上海貝嶺的業務重心轉向積體電路設計業務。二〇一五年七月，中國電子信息產業集團有限公司將持有的上海貝嶺股份有限公司二十六・四五％股份無償轉給華大半導體有限公司（中國電子信息產業集團有限公司的全資子公司），由此華大半導體有限公司成為上海貝嶺第一大股東。

此後，上海貝嶺不再堅持垂直一體化業務模式，在二〇一六年將八吋生產線轉至上海華虹NEC後，轉型至垂直分工領域中的無晶圓生產線的積體電路設計模式，其晶圓製造環節主要外包給上海華虹宏力半導體製造有限公司、上海先進半導體製造股份有限公司、中芯國際集成電路製造有限公司，封裝環節則外包給通富微電子股份有限公司和天水華天科技股份有限公司等企業。作為積體電路設計企業，上海貝嶺的產品領域主要有計量及系統級晶片、電源管理、通用類比、非揮發記憶體、高速高精度類比數位轉換器，主要目標市場為電表、手機、液晶電視及平板顯示、機上盒等各類工業及消費電子產品。二〇一七年，上海貝嶺共實現營業收入五・六二億元，較上年增長十・三七％；歸屬於上市公司股東淨利一・七四億元，同比增長三百五十八・七五％。

4 那一年，張汝京震撼兩岸

從量的累積向質的飛躍，積體電路企業的破繭成蝶，往往需要經歷痛苦的抉擇。時間見證了中芯國際等國內晶片企業的接力奮鬥歷程，見證了超常規、跨越式發展的強勁步伐背後深層的挫折教育和成功啟示：系統性的戰略眼光、專業性的實踐經驗和整體性的協調能力。

中芯國際，艱苦創業的一頁

在中國大陸的晶片製造企業中，中芯國際作為國內規模最大、技術最先進的製造企業之一，在北京、上海、深圳、天津和義大利擁有生產八吋和十二吋的晶圓廠，率先在中國大陸進行十四奈米工藝技術的研發。

二〇〇〇年四月，張汝京博士與王陽元院士等人一道，帶領著三百多位來自台灣和一百多位來自歐美日韓等地的同事和朋友組成的團隊，在上海創辦中芯國際集成電路製造（上海）有限公司。包括謝志峰（本書作者之一）在內的許多海歸博士，加入了中芯國際的艱苦創業中。張汝京的父親張錫綸畢業於中國大陸第一所礦業高等學府焦作工學院，畢業後進入上海的一家煉鋼廠工作。抗戰爆發後，張錫綸隨著上海工業的西遷到了重慶，其所工作的煉鋼廠被編入了兵工廠。戰火中，張錫綸先生指揮煉鋼，劉佩金女士（張汝京的母親）鑽研火藥，為前方源源不斷地輸送抗戰物資。抗戰勝利時，張錫綸已成為著名的煉鋼專家，與劉佩金在南京安家、成婚、生子。張錫綸的大兒子張汝翼後來曾參與了無錫華晶上華的建設，張汝京是張錫綸的第二個兒子，於一九四八年出生。淮海戰役結束後，張錫綸帶著張汝京等家人啟程前往高雄。

張汝京在台灣以優異的成績畢業，後來前往美國攻讀工程學碩士、電子學博士學位，並於一九七七年加入德州儀器。在邵子凡的領導下，張汝京成長為晶片製造工廠建設專家：經歷了前八年的研發職業生涯後，張汝京開始負責營運，成功主持了德州儀器在美國、日本、新加坡、義大利等十座半導體工廠的建設與營運，成為了全球半導體業「建廠高手」。在邵子凡、張錫綸的感召下，張汝京萌生了到中國大陸建設晶片製造工廠的想法。一九八九年，德州儀器在多重評估後決定在台灣建廠，當時張汝京便設想招聘中國大陸的工程師到台灣培訓，以便未來建廠時解決人才難題。不過，由於台灣不允許，張汝京只得作罷。

一九九二年至一九九四年，張汝京在新加坡建設晶片製造廠。在得到新加坡政府允許後，張汝京在中國大陸招聘了約三百人，後來中芯國際成立時有數十人追隨張汝京到上海投身建設。一九九五年，張汝京受邵子凡之託，時隔四十六年後回到中國大陸演講。此次大陸之行中，張汝京了解到貴州地區的貧困學生狀況後，便於一九九六年在貴州正安縣的碧峰鄉捐贈了生平的第一所希望小學，此後陸續在貴州、雲南、四川、甘肅等地捐贈興建了約二十所希望小學。

一九九七年，張汝京從德州儀器提前退休後，回到台灣創辦世大半導體。二〇〇〇年，台積電併購世大半導體，張汝京把在台灣的股票市場上獲得的盈利捐於慈善事業後，帶著再度創業的夢想來到了上海，將企業取名為「中芯國際」。張汝京在上海獲得了各級政府部門的大力支援，時任市長徐匡迪親自帶張汝京考察了浦東後，中芯國際選址張江。

在中芯國際的早期發展中，作為奠基人之一的王陽元院士同樣功不可沒參與創建了中芯國際集成電路製造有限公司。

王陽元於一九五八年畢業於北京大學物理系，是中國大陸自主培養的第一批半導體人才之一。一九七五年，王陽元主持研製成功具有自主知識產權的矽柵P溝道、鋁柵N溝道、矽柵N溝道三種技術和中國大陸第一塊1024位元MOS動態隨機存取記憶體，開拓了中國大陸矽柵N溝道MOS技術，其成果榮獲一九七八年全國科學大會獎。一九七八年，王陽元在北京大學建立微電子學研究室並擔任室主任，成為北京大學微電子學科的創建者。一九八六年，北京大學微電子學研究所成立，王陽元任所長。王陽元主持創建了SOI新器件研究室、中國大陸第一個國家級微米／奈米加工技術重點實驗室、北京大學多功能晶片製造服務中心，並與楊芙清院士共同創建了軟體與硬體協同設計北京市高科技重點實驗室等機構。

在北京大學的研究歷程中，王陽元還提出了多晶矽薄膜「應力增強」氧化模型、工程應用方程、摻雜濃度與遷移率之間的關係；研究了多種矽化物薄膜及亞微米和深亞微米CMOS電路的矽化物／多晶矽複合柵結構；發現了磷摻雜對固相外延速率增強效應以及CoSi2柵對器件抗輻射特性的改進作用；提出了SOI器件浮體效應模型和通過改變器件參量抑制浮體效應的工藝設計技術；領導研製成功了中國大陸第一個大型集成化的ICCAD系統。

二十世紀九〇年代後期開始，王陽元研究微機電系統，後來又致力於研究亞奈米積體電路新器件結構、新工藝及其集成技術。此外，王陽元院士還十分關注積體電路的發展戰略研究，《中國積體電路產業發展之路》、《綠色微納電子學》、《戰略——生存與發展之本》、《後摩爾時代微納電子學科發展戰略研究》等著作就是其代表性的成果。

信心是實力的前提，實力是信心的體現。二〇〇〇年八月一日，中芯國際打下了第一根樁，在二〇〇一年九月二十五日正式建成投產，前後僅歷時十三個月，創造了當時最快的建廠速度。張汝京的專業、樸實和眼光很快吸引了一批國際化的專業人才聚集到中芯國際。建廠時，張汝京事事親力親為，初期每天在廠裡巡視數次，每次要花約兩小時。開工第一天，張汝京帶領高層主管到無塵室，親自用酒精沾布，蹲在地上擦地板。張汝京的做法，自然而然地凝聚了中芯國際員工的向心力，而中芯國際對於人才的第一要求是「操守」和「誠信」。這或許就是除了專業之外，「建廠高手」能夠創造震驚業界紀錄的又一法寶。

在中芯國際任董事長的十年期間，王陽元院士則集長遠發展的戰略思維、切合實際的經營策略於一身，為中芯國際設計行之有效的運行和融資體制，使中芯國際廣納天下英才的同時，又能適應中國大陸國情順利發展。在他們的共同努力下，中芯國際引入了上海實業、摩托羅拉、張江高科、北大青鳥、高盛、華登國際以及新加坡淡馬錫控股等一批投資者，開啟了中國大陸晶圓代工發展的新征程。

逆水行舟，不進則退。肩負起國家積體電路產業的發展使命，不僅要創新，還要加快創新、多創新。張汝京建廠中芯國際，正值產業發展的低谷期，這一時機與三星的「逆週期投資」做法不謀而合。在低谷期，中芯國際以相對較低的價格購入了二手設備以及位於天津的摩托羅拉工廠。同時，改革開放後一批海歸人才相繼創業，或者回到中國大陸工作。在中芯國際的發展中，上海市政府積極回應中央政府的政策，全力支援中芯國際的發展。有此基礎，加上上海實業、高盛、華登國際、漢鼎亞太和祥峰等的投資，中芯國

● 中芯第一「晶」

際在「天時地利人和」中起步。僅僅三年時間，中芯國際已經擁有四條八吋生產線和一條十二吋生產線，在當時絕無僅有，震驚了業界。

看似一切順利的背後，實則凝聚著張汝京的建廠智慧。儘管獲得了十億美元的投資，再加上銀行四．八億美元的融資，但是當時十億美元僅夠一條八吋生產線的費用，留給中芯國際的施展空間十分有限。經過慎重考慮，鑒於資金有限、人才不足，中芯國際認定必須要做大規模，而生產工藝則依靠合作聯盟來實現。再加上當時適逢產業的低谷期，中芯國際得以迅速做大。

內外交攻，迎難而上

在中芯國際聘請世大半導體的老員工、台積電的工程師後，台積電於二〇〇三年在美國加州控訴中芯國際不當地使用了台積電的商業機密，要求中芯國際賠償十億美元。二〇〇五年，中芯國際與台積電達成和解協定，賠償一．七五億美元。這一年，中芯國際銷售收入超越新加坡特許半導體公司，在全球的晶圓代工產業排名第三。然而，二〇〇六年台積電再次於美國加州控訴中芯國際，指責其在最新的〇．一三微米工藝使用了台積電的技術。對此，中芯國際在北京高院反訴台積電。

二〇〇九年，北京高院駁回了中芯國際的訴訟請求，而台積電則在後來開庭的美國加州法院審理中獲勝，之後中芯國際和台積電達成和解，和解協定包括支付台積電二億美元和十%中芯國際股份。三天後，張汝京辭職，離開了凝聚其無數心血和智慧的中芯國際。

離開中芯國際後，張汝京繼續追求晶片夢想，先是進入發光二極管的研發、製造和應用領域，後來又於二〇一四年在上海新昇半導體科技有限公司開始了十二吋晶圓研發及量產的新征程。上海新昇半導體科技有限公司成立於二〇一四年六月，總投資六十八億元，一期投資二十三億元，公司的目標是致力於在中國大陸研究、開發適用於四十／二十八奈米節點的十二吋矽單晶生長、矽片加工、外延片製備、矽片分析檢測等矽片產業化成套量產工藝；建設十二吋半導體晶圓的生產基地，實現十二吋半導體晶圓的國產化。

二〇一七年，張汝京決定不再擔任新昇總經理職務，但繼續擔任新昇董事。張汝京的艱苦奮鬥，給新昇半導體科技有限公司和中國大陸晶圓產業帶來了希望。新昇在致全體員工的信中寫道：「張汝京博士為新昇做出了偉大的貢獻，他領導新昇團隊在創紀錄的時間內建成了一個現代化的工廠，在極短的週期內拉出了第一根晶棒（矽晶錠），目前已經把論證樣品送至我們的潛在客戶，並取得了階段性認證成果。我們堅信，這些成就標誌著張汝京博士在國際半導體產業中輝煌職業生涯達到的頂峰。」此後，七十多歲的張汝京又開始了協同式垂直一體化模式的探索，二〇一八年五月十八日，首個協同式積體電路製造企業——芯恩（青島）集成電路製造有限公司在青島西海岸新區啟動。

張汝京從中芯國際辭職後，二〇〇九年六月江上舟臨危受命出任中芯國際董事長。二〇一〇年，中芯國際首次實現全年盈利。然而，壯志未酬之際，江上舟在中芯國際董事長任上，因肺癌復發於二〇一一年六月二十七日辭世。二〇〇二年，江上舟曾罹患肺癌，原本已經治癒，但因操勞過度還是在二〇一〇年再次肺癌復發。

江上舟是上海晶片產業的奠基人、國家大飛機項目的啟動者之一，他與電子資訊領域的接觸從一九六五年就已經開始。這一年，江上舟考入清華大學無線電系，但是不到一年便到工廠學工，到農村學農。一九七八年，中國大陸恢復研究生招生，已結為夫妻的江上舟和吳啟迪雙雙考回母校。後來，江上舟夫婦又前往瑞士留學，並在二十世紀八〇年代回到中國大陸。

一九八七年，留學八年的江上舟獲得博士學位後，到國家經委的外資企業管理局任職。此時，正值海南建省，江上舟參加了海南的考察、調研與規劃。國家經委撤併後，江上舟留在海南，參與了從縣級市升格的三亞市籌建工作。一九九一年，江上舟高票當選海南省三亞市副市長，建立了全國第一個土地交易中心，實行土地公開拍賣，啟用了土地市場，為三亞爭取了基礎設施建設需要的資金。此後，江上舟於一九九三年出任海南省洋浦開發區黨工委書記、洋浦開發區管理局首任局長，一九九七年調往上海工作，並先後擔任上海市經濟委員會副主任、市工業黨委副書記等職，二〇〇一年任上海市人民政府副秘書長兼上海化學工業區領導小組辦公室主任，二〇〇三年成為國家中長期科學和技術發展規劃領導小組辦公室成員兼重大專項組組長。

一九九七年轉任上海市經濟委員會副主任後，江上舟便開始了積體電路等高科技產業計畫發展的調研，並且認定二十一世紀上海必須發展知識密集型的資訊產業。江上舟判斷，國內積體電路需求旺盛、供給薄弱、設備的進口依賴明顯，要增強積體電路供給能力、突破半導體生產和試驗關鍵設備瓶頸、占領技術和市場高地。通過對台灣的發展歷程，以及國際資料的精讀後，江上舟認定華人有能力在全球的半導體產業競爭中占得一席之地，積體電路是中國大陸必須發展的工業。

一九九八年底，江上舟向上海市領導建議，在浦東規劃面積二十二平方公里、三倍於新竹工業園區的張江微電子開發區，「十五」期間引資一百億美元，建設十條技術水準等於或高於華虹NEC「九〇九工程」八至十二吋積體電路生產線。二〇〇〇年，張汝京和王文洋分別在上海創辦中芯國際和宏力半導體有限公司，江上舟力推的積體電路發展進入了新階段。這一年，中芯國際一廠主廠房上梁時，張汝京花了二十元人民幣放了一千響鞭炮賀喜，前去祝賀的江上舟認定張汝京能將事業做成。再到後來，上海浦東張江、松江和漕河涇「兩江一河」產業帶得到發展。由此，江上舟對上海有能力發展積體電路的判斷得到了驗證。

二〇〇六年三月，江上舟出任中國殘疾人福利基金會理事長，與同事一起運籌了「愛心永恆」行動與「啟明」行動。同年，他被委任為中芯國際的獨立非執行董事。二〇〇九年，江上舟接替王陽元出任中芯國際董事長。擔任董事長職位不足四個月時，中芯國際在與台積電的訴訟中失敗，張汝京離職。臨危受命後，江上舟相繼邀請王寧國、楊士寧等業內人士加盟，分拆了非核心業務，於二〇一〇年帶領中芯國際轉虧為盈。在江上舟的任上，中芯國際的託管公司曾經面臨被對手接連併購的困局，其中包括台積電試圖併購武漢新芯的十二吋工廠。江上舟帶領團隊協同努力，化解了困局，向武漢市政府承諾注資新芯，將其變為子公司。

大約兩年後，江上舟帶領全體高管，對外宣布了新的五年戰略規劃，開始尋求新的戰略投資。張汝京也曾表示，江上舟為中芯國際開創了新局面。然而，戰略型科學家江上舟的生命在六十四歲戛然而止。

幾經調整後，中芯國際樹立了繼續堅持江上舟提出的獨立化、國際化的方針，穩定了公司內部，也穩定了客戶。同時，中芯國際快速提升了產能利用率，為客戶做得更細心、更精準、更快速，中芯國際開始轉虧為盈。二〇一五年，工業和信息化部總經濟師周子學接替張文義出任董事長，此時中芯國際已經實現了十一個季度的持續盈利，向全球客戶提供〇．三五微米到二十八奈米的晶圓代工與技術服務。現在的中芯國際總部位於上海，在上海建有一座十二吋晶圓廠和一座八吋超大規模晶圓廠，在北京建有兩座十二吋超大規模晶圓廠，在天津和深圳各建有一座八吋晶圓廠。

二〇一六年，中芯國際銷售總額達到二十九億美元，收入同比上升三〇．三%，幾乎三倍於代工產業平均成長率；經營利潤達到新高，為三．三九二億美元，經營利潤率約為十二%；淨利潤率和中芯國際應占利潤均創新高，分別為十一%和三．七六六億美元。稅息折舊及攤銷前利潤首次超過十億美元，年度淨資產收益率從前一年的七．六%上升至九．六%。這一年，中芯國際成功收購了LFoundry，向汽車晶片市場邁出了堅實的一步，同時北京合資廠和深圳廠營運，維持了整體上的高產能利用率。

二〇一八年初，中芯國際發布公告，與國家集成電路產業投資基金、上海市集成電路產業投資基金合資成立的中芯南方集成電路製造有限公司，計畫總投資一〇二．四億美元，在中芯國際上海廠區保留地上，建設兩條月產能均為三．五萬片晶片的積體電路生產線，生產技術水準以十二吋和十四奈米為主，產品主要面向為下一代移動通訊和智慧終端機。

5 自產自銷晶片之路

無論是先進國家的積體電路發展歷程，還是中國大陸從無到有的積體電路發展歷史都表明，統一目標、奮發有為，是積體電路產業提質增效、持續健康發展的重要依託和動力泉源。與之相反，如果忽略自我創新能力的建設，就會越來越依賴競爭對手的「施捨」。在二十一世紀，中國大陸在超級電腦晶片、處理器晶片和製造設備的開發上，同樣展現旺盛的企圖心。

春雷乍響，神威太湖之光

斗轉星移，氣象更新。百兆次超級電腦，被公認為「超級電腦界的下一頂皇冠」，是人類解決能源、健康、環境和氣候變化等問題必不可少的工具。在向百兆次超級電腦進軍的過程中，中國大陸不僅向世界證明了可以領先全球製造出最快的超級電腦，也可以「以我為主」製造出其配套所需的晶片。

二〇一六年，採用中國大陸自製晶片的「神威太湖之光」電腦在國際超算大會發布的超級電腦榜單中一舉奪冠。「神威太湖之光」峰值性能達每秒十二．五四兆次，成為世界首台運行速度超過十兆次的超級電腦。「神威太湖之光」設計穩定運行的最大浮點運算速度為每秒九．三兆次，耗能從一萬七千八百零八kW降至一萬五千三百七十一kW。

與「天河二號」採用英特爾處理器晶片不同的是，「神威太湖之光」使用申威26010眾核處理器晶片。申威26010採用六十四位自主申威指令系統，採用二十八奈米節點工藝，主頻1.45G，擁有兩百六十個核心，雙精浮點峰值高達三．〇六TFlops。申威26010的研製，為使用眾核處理器構建超算系統開闢了途徑。此前的二〇一二年，神威藍光超級電腦使用八千七百零四片申威1600處理器晶片和神威睿思作業系統，實現了計算處理器晶片和作業系統的國產化。

回過頭看，一九五一年成立的無錫江南計算技術研究所於二〇〇三年開始自主設計高性能晶片，其技術源頭可以追溯至美國數位設備公司的Alpha21164。美國數位設備公司於一九九二年推出Alpha架構，一九九五年開始研發21164晶片，一九九八年推出新型號21264。儘管美國數位設備公司由於經營不善被康柏收購，但是Alpha架構卻仍值得開發。當年，AMD試圖開發重整數、輕浮點、高頻率、高耗能、高價格的K6—3架構，但在市場中一敗塗地。研發部門不知所措之際，AMD的行政部門做出了正確的決定：併購美國數位設備公司的晶片研發部門，以Alpha21164為基礎開發K7—Athlon。K7—Athlon一經推出，便以其出色的浮點計算能力，在與英特爾處理器的競爭中占據遊戲處理器的性能優勢。一時間，「辦公Intel、遊戲AMD」成為公眾的認知。此後，AMD的K7至K10核心架構未變，而英特爾直到推出酷睿I處理器才得以改變局面。

不過，原美國數位設備晶片研發部門的員工，由於研發方向和條件不認同等原因，先後離開了AMD。美國數位設備被康柏收購後，惠普和康柏於二〇〇一年合併，此後Alpha架構被束之高閣，指令集和微結構都不再更新。二十年過去後，只有申威仍在繼續自主擴展Alpha架構的指令——申威1、申威2、申威1600、申威1610、申威5等均是其產品，而申威在多年的開發中已形成了發展路線的自主權，同時開發了神威睿智編譯器，研發了基於Linux的神威睿思作業系統，從此走上了自主開發的新路。

二〇一八年五月的第二屆世界智慧大會上，國家超算天津中心對外展示了中國大陸新一代百兆次超級電腦「天河三號」原型機。「天河三號」原型機採用中國大陸自主研發的飛騰CPU、天河高速互聯通訊、麒麟作業系統，綜合運算能力與採用英特爾處理器的「天河一號」相當。

長江存取，市場、資金、人才大集合

在處理器晶片取得突破的同時，處理器晶片進展也證明了中國大陸可以有自製晶片的能力。

武漢新芯計畫始建於二〇〇六年，於二〇〇八年開始正式量產，是華中地區唯一的十二吋晶片生產線，總投資超過百億元，是湖北省歷史上最大的單體投資項目。武漢新芯是中國大陸記憶體晶片的拓荒者，其產品覆蓋主消費類、工業物聯網、汽車電子等各類終端市場。武漢新芯生產的影像感測器晶片兼具高性能和低耗能的優勢，已成功打入國內主流智慧手機品牌供應鏈。

武漢新芯剛成立時，由於湖北省和武漢市政府沒有積體電路製造管理經驗，便將其交由中芯國際管理。初期，武漢新芯計畫以動態記憶體為主要產品切入全球市場，然而不久後全球動態記憶體市場的價格暴跌，使武漢新芯不得不將其產品線轉向快閃記憶體。二〇〇八年九月，武漢新芯聯手飛索半導體，這家當時全球最大的專門從事快閃記憶體開發、生產和行銷的高科技跨國企業成為了武漢新芯的主要客戶。二〇〇三年，飛索半導體由AMD和富士通整合各自的快閃記憶體業務合併成立，並且繼承了雙方長期以來的技術創新和市場領先地位，其NOR型快閃記憶體的市場占有率處於世界領先地位，於二〇〇五年完成分拆，並在那斯達克成功上市。

在武漢新芯聯手飛索半導體的過程中，飛索半導體向中芯國際轉移六十五奈米、四十三奈米相關生產工藝及技術，武漢新芯則作為重要生產基地為其提供記憶體產品代工，二〇〇八年其十二吋生產線正式完工並開始投片。然而，在二〇〇八年金融危機中，飛索半導體遭遇經濟危機瀕臨破產，武漢新芯幾無訂單，台積電、鎂光等企業都曾試圖入股或收購武漢新芯。武漢市政府堅持自主發展，放棄了合資計畫。二〇一一年，中芯國際與武漢市政府達成協議，雙方合資成立中芯國際集成電路製造（武漢）有限公司。

二〇一二年，武漢新芯實現銷售收入一．六二億美元，但仍處於虧損狀態，其產能離盈虧平衡點還有不小的差距。二〇一三年，武漢新芯從中芯國際完全獨立，而原中芯國際首席營運長楊士寧博士接受武漢東湖開發區的邀請，加入武漢新芯任執行長。掌舵武漢新芯後，為了實現躋身國家隊目標，楊士寧立即著手組建了具有國際視野、實踐經驗的管理團隊，進而建立了完整的國際化企業管理體系、相對完善的企業營運體系，實現了以營運結果為導向的企業營運機制。二〇一二年，兆易創新成為了武漢新芯的重要客戶，次年由武漢新芯為兆易創新代工的快閃記憶體晶片出貨量已超過十萬片。

在楊士寧博士的帶領下，武漢新芯的團隊在與飛索半導體的合作中，成功地將NAND記憶體工藝由五十五奈米推向三十二奈米，並於二〇一四年底與飛索半導體組建聯合研發團隊開始三維NAND的研發。武漢新芯與飛索半導體均從NOR型快閃記憶體起步，飛索半導體直到二〇一二年才攜SK海力士進軍NAND快閃記憶體市場，因而這次合作也可以看出兩者的協同攻略之舉。

二〇一六年，國家記憶體基地在武漢啟動，近四個月後長江存儲科技有限責任公司正式成立。長江存儲由紫光集團控股子公司紫光國器、國家集成電路產業投資基金股份有限公司、湖北國芯產業投資基金合夥企業和湖北省科技投資集團有限公司共同出資，其中紫光國器占五十一％

的股份。長江存儲註冊資本為一百八十九億元，法定代表人是趙偉國，從事半導體積體電路科技領域內的技術開發，積體電路及相關產品的設計、研發、測試、封裝、製造與銷售等。長江存儲的註冊資本分兩期出資：一期由國家集成電路產業投資基金股份有限公司、湖北國芯產業投資基金合夥企業（有限合夥）和武漢新芯股東湖北省科技投資集團有限公司共同出資，在武漢新芯集成電路製造有限公司的基礎上建立長江存儲。二期由紫光集團和國家集成電路產業投資基金股份有限公司共同出資。

在長江存儲控股武漢新芯後，長江存儲將繼續拓展武漢新芯的物聯網業務布局，並著力發展大規模記憶體，武漢新芯的執行長楊士寧出任長江存儲執行長。楊士寧曾分析，從半導體記憶體技術分類來看，目前動態存取和NAND快閃記

● 楊士寧（左）、白鵬（英特爾副總裁，中）和謝志峰（右）合影

憶體存取的總產值占全球記憶體產業的絕對主體，其中動態存取市場的增長需求變得相對緩慢，而NAND快閃記憶體存取的需求量還將隨著雲端運算、智慧終端機的發展而持續增長十倍，大陸市場的內在需求龐大，占全球市場的一半以上。中國大陸在人才匯聚、國際合作機遇和產業生態支援方面均面臨最好的時機，此時長江存儲的投入面臨著市場、資金（國家「大基金」的資金和政策支援）和人才三方面的大好機遇。

與二維NAND相比，三維NAND不論是在物理特性還是架構上都具備成本優勢，向三維NAND領域的進軍也將成為廠商的共同選擇。根據長江存儲的目標，長江存儲將會通過跳躍式的發展，在二〇一九年實現與世界前端差半代技術，二〇二〇年與世界領先技術「並跑」。楊士寧認為，「我們必須從決策到實施等各方面實現真正的創新，打破舊的發展模式，才能順應新的形勢，抓住難得的歷史機遇。武漢新芯目前作為國內領先的積體電路製造公司，也根據自身的特色制定了一條創新發展之路。」

對一個企業、一個團隊而言，執行力不僅是不斷向前的強大引擎，更是不容有失的生存基礎。楊士寧在美國倫斯勒理工學院獲材料工程學專業博士，後來曾在英特爾從事研發工作十四年，是英特爾第一技術研發中心的領軍人物。作為英特爾技術研發中心的核心人才，楊士寧深知執行力的重要性。有實幹精神、有胸懷、有勇氣、有創業成功的經驗是其成功的根本動力。在英特爾工作期間，楊士寧曾經因為解決了奔騰晶片的關鍵技術問題，獲得了英特爾最高成就獎。在擔任新加坡特許半導體公司的首席技術長和副總裁期間，他帶領團隊將高端技術代工的市場占有率從不足一％提升至超過十％。

二〇一〇年二月，在中芯國際的邀請下，楊士寧任中芯國際的首席營運長。在擔任中芯國際的首席營運長期間，楊士寧精簡了各部門的組織與管理層，明確制定了工廠營運的五大指標，同時為中芯國際制定了「三級跳」戰略，將技術、產能、市場、營運的發展規劃融為一體，組建了中國大陸第一個國際化的先進邏輯技術開發隊伍，完成了具有獨立知識產權的〇・一三微米銅互聯技術開發，使中國大陸的晶片技術首次與國際尖端水準的差距縮小至一代之內。二〇一二年八月，楊士寧赴任武漢新芯後，制定了人才、知識產權、企業管理等方面的一整套實施方案，組建了具有強大執行能力的管理團隊，使企業實現了從依附到獨立的穩定過渡，開啟了跨越式發展的新歷程。在企業的營運體系中，服務於國內外客戶的銷售部門、自律系統管理部門、採購與品質控制部門和研發部門等有機銜接，並在資訊管理系統的支撐下高效運行。在企業的對外合作中，武漢新芯與中國科學院微電子研究所、清華大學、復旦大學、中國科學院上海微系統所簽署了知識產權聯合授權協定，引入其專利技術。

「用一賢人而群賢畢至，相一良馬而萬馬奔騰。」楊士寧赴任後，武漢新芯和長江存儲先後聚集了一批英才，這為後來的新基地建設提供了保障。二〇一六年十二月，長江存儲的三維NAND快閃記憶體廠房動土，計畫總投資金額約兩百四十億美元，建成後月總產能將達三十萬片。二〇一七年二月，總投資三百億美元的紫光南京半導體產業基地正式開發。該基地一期投資一百億美元，建成後的月產能達十萬片，主要產品為三維NAND快閃記憶體、動態隨機處理器晶片等，占地面積約一千五百畝。此外，福建晉華與聯電簽定技術合作協定，合肥長鑫也在合肥探索建設新工廠以生產記憶體，從此與三星、SK海力士展開角逐。

打造一個人才磁場，吸引國際菁英

中威、飛騰、兆芯、龍芯、魂芯以及雲端人工智慧晶片的開發，標誌著中國大陸的國產化晶片之路已經啟航。而中微半導體等企業的發展，則證明了中國大陸也完全有能力自主開發積體電路生產所需的設備。二〇〇四年，曾任應用材料公司副總裁的尹志堯博士回國創辦中微半導體設備公司。年已六十歲的尹志堯，看到了中國晶片製造設備與國際的差距，帶領三十多人的團隊從零開始，很快開發了六十五奈米等離子體刻蝕設備。其後，中微半導體逐步將設備做到了四十五奈米、三十二奈米、二十八奈米、十六奈米及至五奈米，並在業界首次開發了雙反應台介質刻蝕除膠一體機——將雙反應台介質等離子體刻蝕和光刻膠除膠反應腔整合在同一個平台。

在技術突飛猛進的同時，中微半導體還在面對跨國競爭對手的知識產權訴訟中接連獲勝，為其獲得訂單掃除了知識產權障礙。在這些成功的開發背後，意謂著物理、化學、機械、工程、管理等諸多專業能力的融合，創新突破也由此開始。

尹志堯曾舉例說：「我們不能從頭到尾開發全套技術以抵抗四十年的全球技術成果，而是要建一個類似於美國矽谷的人才磁場，吸引國際菁英投身於中國大陸。」在「二〇一六年集成電路產業發展高峰論壇」上，他在題為《中微和產業的發展至關重要的是人才、團隊、公司管理和文化》的演講中指出：公司在不同的發展階段應該有不同的側重點，例如，在公司啟動初期，技術和產品最重要；當公司發展成一家成長型公司，營運管理則變得尤其重要；而當公司發展成一家龍頭公司，企業文化、管理營運、產品技術、人才等則是公司發展的幾大因素。

「千磨萬擊還堅勁，任爾東西南北風」，自主創新是戰略定力的根基。超級電腦晶片、處理器晶片和製造設備的開發表明，以自力更生、自主創晶片的發展引擎帶動產業升級，就一定能積蓄強勁而持久的動能，展開波瀾壯闊的畫卷。

6 奮鬥者，接棒

在積體電路的不斷發展中求創新、求突破，需要統籌謀劃、加強組織、全盤布局，這也是先進國家積體電路發展的基本經驗。

反對思想方法上的片面性，技術上的一邊倒

在二十世紀五〇年代末至二十世紀七〇年代的中國大陸積體電路發展歷程中，全球各地的研發和生產力量互幫互助、交流合作、協同攻堅的理念十分一致。從某種程度上看，這與後來日本的超大型積體電路研發計畫、美國半導體製造技術科研聯合體、歐洲微電子研究中心等模式有異曲同工之妙。一九五六年，周恩來總理代表中共中央提出了「向科學進軍」的口號，隨後主持制定了《一九五六～一九六七科技發展遠景規劃》，將電腦、無線電電子學、半導體、自動化納入半導體、無線電、自動化、計算技術，並列入了四項緊急措

施。此後，一批研究機構和工廠建立。一九六一年五月，中央軍委批准組建軍事無線電電子研究院——國防部第十研究院。

一九六三年九月，從第一機械工業部中分離出第四機械工業部，主要負責電子工業。中國人民解放軍無線電通訊事業創建者王諍中將任第四機械工業部首任部長。

王諍原名吳人鑒，一九〇九年出生於江蘇省武進縣，一九二八年考入南京軍事交通技術學校學習無線電通訊技術，一九二九年被分配到國民黨軍第九師任無線電台報務員，一九三〇年十二月龍崗戰鬥後參加中國大陸工農紅軍，其後負責組建紅一方面軍總部無線電隊並任隊長。曾任紅軍總司令部無線電台大隊長、紅一方面軍無線電總隊總隊長兼通訊主任、軍委通訊聯絡局局長、軍委三局局長兼作戰部副部長和電信總局局長、郵電部副部長和黨組書記、軍委通信部部長兼電訊工業局局長、中國大陸人民解放軍通信兵部主任兼軍事電子學研究院院長等職。

在王諍上任第四機械工業部部長之時，當時中國大陸對於發展方向上的認知還存在爭議。這與當時國際上對於電子產業的認知有關：歐美已經認為積體電路是未來的發展方向，但是蘇聯仍有不少人認為電子管的小型化才是發展方向。對此，一九六三年王諍擔任第四機械工業部首任部長後，反對「思想方法上的片面性，技術上的一邊倒，對資本主義的成就視若無睹」，反覆強調半導體的重要性。例如，他在一次黨組會上指出：「要下最大的決心，集中人力、物力、財力形成優勢……加強科研，開發新技術、新產品，研製軍事電子尖端技術，保證軍事電子裝備適時更新換代，要跳出單純仿製的模式，不受制於人……要艱苦奮鬥，自力更生。要發展新產品，就必須廠所結合，研製改進產品。同時，必須抓好基礎產品——元件、儀器儀表、專用工藝設備，以及基礎的基礎——專用原材料等對國民經濟建設、郵電、通訊、廣播、醫療、地質、礦藏探勘、遙控與遙測，以及人民文化生活所需要的電子產品，根據市場需要組織好生產。以『寓軍於民』，儲蓄力量，培養技術隊伍。要積極發展地方電子工業，把電子技術及產品推廣應用到各條戰線各個方面。現在，半導體技術是國際上一種新興技術，西歐各工業強國只注重發展電子管技術，而美國、日本以發展半導體器件為代表的微電子技術為主，進而形成了兩大發展趨勢。目前，中國大陸與日本在半導體技術方面的水準已有差距。我認為：應成立一個專門機構『全國半導體器件專業委員會』，同若干研究所、工廠認真研究協調，並強調注重半導體技術的發展與應用。」

針對半導體元件初期性能不穩定等情況，王諍強調半導體技術的發展需要以時不我待的思路推進：「現在已經到了非定下來不可的時候了，不能總是議而不定，喪失先機就要落後，落後就要挨打。有人說半導體不可靠，電子管技術穩定。我們對於得失大小要權衡清楚，任何一件新事物，在開始的時候，總不會十全十美、有一個完善的過程，半導體化的機器，一開始，你也不能把很多的功能要求都壓上去，要求太多，它就出不來了。」

在王諍的主持下，第四機械工業部歷時數月，對海、陸、空三軍以及國民經濟各部門的電子工業發展需求進行了調查研究，形成《關於現代無線電電子工業的作用和中國無線電電子工業發展建設問題的報告》，報送中共中央、國務院、中央軍委，首次明確提出電子工業為四個現代化服務的方針。

在國防應用中，王諍反覆向通信兵部、科技部解釋為什麼必須要發展半導體，並親自到二十多個研究所和工廠組織具體生產，抓住部隊換裝加速的時機，帶來整個積體電路產業鏈的良性互動。一九六三年三月至九月，國民黨空軍的美制U－2型飛機屢屢深入西北地方偵察，王諍判斷敵機之所以能避開地面導彈，是因為飛機上的機載雷達接收機發揮了作用。擊落飛機後，王諍親自組織研究飛機上的通訊電台，指示南京無線電廠「消化吸收國外先進技術不要死搬硬套，要結合中國大陸的實際，充分利用中國大陸的技術成果和元件條件；整機廠要與元件廠、研究所相結合，實行基礎先行，以整機帶基礎，推動全產業的技術進步；在時間上要分秒必爭；要號召全廠職工學大慶、學鐵人，為改變國家落後面貌而苦幹、實幹、巧幹。」在王諍的親自帶領下，幾十家研究機構和工廠聯合攻略，十個月內便試製出了國產的第一台全半導體四百瓦短波單邊帶航空電台。

其間，王諍從陸軍通訊裝備改進出發提出「系列化、小型化、半導體化」，並提出研製與設計需要同步進行，已有產品開發與半導體器件等新型基礎產品的配套要同步進行。後來，他曾總結：「必須建立獨立的工業體系，只能一盤棋，不能幾盤棋，軍民必須結合，中央地方必須結合。大中小必須結合，土洋並舉。尖端必須加速突破，常規還應加強。科研、生產必須結合。」

「文化大革命」開始後，王諍一度受到了衝擊和迫害。後來，毛澤東在政治局會議上指出：「王諍是中國大陸通訊事業的開山鼻祖，是功臣，要儘快安排他的工作。」一九七二年，王諍重新出任第四機械工業部部長的職務，組織實施了國家重點科技攻略計畫「電腦漢字資訊處理系統工程」（即七四八工程）等工作。一九七八年，操勞過度、罹患癌症的王諍，親赴武漢指揮中國人民解放軍總參謀部組織的電子對抗演習。病重後，王諍仍然用其最後的心力寫就了《關於電子工業二十八年重要經驗教訓》。「不把電子工業搞上去，我死不瞑目！」這是王諍生前最後一次主持第四機械工業部黨組會時的重託。

中國人買個炮仗讓日本人放？

二十世紀八〇年代和九〇年代初，先是日本在處理器晶片領域趕超了美國，後是韓國趕超了日本。在鄰國的產業發展經驗啟示下，一九九〇年八月國家計委和機電部在北京聯合召開了座談會，其後中央決定實施「九〇八工程」。「九〇八工程」集中投資二十多億元，其目標是在無錫華晶建成一條月產一．二萬片、六吋、〇．八至一．二微米的晶片生產線。

一九九五年，原電子工業部向國務院提交了《關於「九五」期間加快中國集成電路產業發展的報告》，黨和國家領導人對積體電路發展給予了支援。此後，「九〇九工程」確定實施，由國務院和上海市財政按六比四出資共撥款四十億人民幣開始建設。一九九六年，國務院決定由中央財政再增加撥款一億美元。這一年，上海華虹微電子正式成立。

一九九七年七月，上海華虹集團與日本電氣合資組建的上海華虹NEC電子有限公司成立，總投資為十二億美元，註冊資金七億美元，承擔「九〇九工程」超大型積體電路晶片生產線計畫建設。同時，服務於「九〇九工程」的上海虹日國際、上海華虹國際、北京華虹集成電路設計公司等企業成立。時任電子工業部部長胡啟立以六十六歲的年齡兼任華虹集團董事長，帶領上海華虹NEC克服了重重困難後，於一九九七年七月三十一日開始工程建設。一九九九年二月二十三日，上海華虹NEC電子有限公司建成試投片，主要產品為64MB同步動態記憶體。上海華虹NEC投產的當年，全球的半導體產業正值繁榮時期，當年即實現了盈利。

二〇〇一年，美國互聯網泡沫破滅，曾經的半導體巨頭日本東芝全面收縮半導體業務，當年上海華虹NEC巨額虧損。此後，上海華虹NEC在摸索中不斷前行。隨著上海華虹NEC的發展，國內積體電路受制於人的局面已經打開了缺口：上海華虹NEC成立前，中國大陸的客戶識別模組全部依賴進口，平均價為八十二元。上海華虹NEC打破海外依賴後，中國大陸的SIM卡平均價已降至八．一元。「九〇九工程」實施的過程中，一九九六年七月先進國家推出了《瓦森納協定》的限制（儘管此時巴黎統籌委員會已經解散），使得工程所需的高端設備和技術、元件無法引進，產業配套的重要性得到了充分體現。胡啟立在後來所著的《「芯」路歷程》自序中寫道：「立了項，但遲遲找不到合作夥伴，外國人嘲諷說『中國人以為有了錢就能搞半導體』，搞『錯位』了；工程開始建設了，恰逢半導體市場低迷；和日本NEC談成了，卻又招來批評；有人說『中國人買個炮仗讓日本人放』……。」

就在這樣艱難的局面中，「九〇九工程」得以實施。「九〇九工程」實施的意義，其帶來的「蝴蝶效應」撬動了上下游產業的發展，已經超越了工程本身。「九〇九工程」所提出的發展積體電路設計產業的思路，成為中國大陸自主創新道路再一次探索的新起點，帶動了產業發展所需的理念、人才、設備，這也為後來海外積體電路製造商在中國大陸的投資作了鋪墊。其中，「九〇九工程」帶來的認知，是最為寶貴的財富。正如胡啟立在《「芯」路歷程》所總結，「真正的核心技術很難通過市場交換得來，引進不是目的，目的是發展自己，為我所用，最終實現自主創新，走自己的路，企業必須從引進之日就要制定消化吸收的具體措施和今後創新的長期戰略規劃，並積極努力加以實施。」「引進某高科技計畫，往往首先導向為填補國內該領域的空白，容易導致從技術出發，忽視市場導向。」「如果與市場不合拍，即使技術水準再高，也得不到市場的回報，就會被淘汰出局。」

在「九〇九工程」建設的基礎上，二〇一〇年「十二五」期間國家電子資訊產業的重點計畫「九〇九工程」升級改造建設啟動，其目標是在張江建設一條十二吋、九十——六十五——四十五奈米工藝等級、月產能三．五萬片晶圓的積體電路生產線。計畫竣工驗收時，實際建成的生產線為五十五——四十——二十八奈米工藝等級。

二〇一六年，「十三五」期間國家積體電路生產力布局的重點計畫「九〇九工程」二次升級改造啟動，其目標是建設二十八——二十——十四奈米工藝等級、月產能四萬片晶圓的十二吋生產線。這些努力，進一步撬動了中國大陸積體電路的發展。

作為「九〇九工程」建設的承擔主體，上海華虹NEC於一九九九年成功試產動態存取記憶體生產線，二〇〇三年開始其代工服務，二〇〇五年開始用嵌入式帶電可擦可程式設計唯讀記憶體工藝技術生產中國大陸居民身分證晶片，二〇〇七年開始用〇・三五微米雙極型——CMOS——DMOS工藝生產晶片，二〇〇八年開始用〇・一三微米氧化矽氮氧化矽技術生產嵌入式快閃記憶體晶片，二〇一〇年開始用〇・一八微米BCD工藝技術生產晶片，二〇一一年開始用600V超結MOSFET及1200V非穿通型絕緣柵雙極型電晶體工藝技術生產晶片。

二〇一一年底，華虹半導體和宏力半導體完成合併交易。合併後的華虹半導體有限公司股東及股份構成為：上海華虹國際有限公司持有四三・五二％股份；日本電氣株式會社持有十二・三％股份；香港海華有限公司持有七・九五％股份；聯和國際有限公司及其他股東共持有三六・二三％股份（原宏力股東）。合併後的華虹半導體有限公司持有上海華虹NEC電子有限公司和宏力半導體製造公司一〇〇％的股份。合併時，華虹擁有兩座八吋晶片代工廠，晶圓總產能為每月八・六萬片；宏力擁有一座八吋晶片代工廠，晶圓產能為每月四・四萬片。

此前，宏力生產過的產品包括計算器晶片、NOR快閃記憶體晶片、邏輯與微控制器等。合併後的二〇一二年，上海宏力與華虹NEC用〇・一三微米工藝技術生產用戶身分識別卡（SIM卡）晶片年出貨量達到約十八億張。二〇一三年，宏力與華虹的集團內公司間重組基本完成，重組後的企業當年交付了移動應用磁力感測器樣品。二〇一四年，華虹半導體在香港聯合交易所主機板上市，華虹宏力SIM卡晶片出貨量達二十六・六億張，占全球五十％市場份額。二〇一五年，華虹宏力開始用〇・一一微米超低漏電嵌入式快閃記憶體工藝生產晶片，用〇・二微米射頻絕緣體上矽工藝生產晶片。

二〇一六年，華虹宏力的九十奈米嵌入式快閃記憶體工藝平台成功量產，採用嵌入式非揮發性記憶體技術製造的金融卡晶片產品，分獲資訊技術安全評價通用準則普通民用安全等級的最高標準認證、國際晶片卡及支付技術標準組織安全證書。二〇一七年，華虹宏力的深溝槽超級結工藝平台累計出貨量超過二十五萬片晶圓，功率器件平台累計出貨量超過五百萬片晶圓，基於九十五奈米一次性程式設計工藝平台的首顆微控制器開發成功。

中國大陸必須有積體電路上自我供給的能力，而自我供給需要技術能力與各種能力的統籌協調。從這個角度上看，「九〇八工程」、「九〇九工程」等帶給我們的「蝴蝶效應」啟示，已經超越了工程本身，指向了「唯創新者強」的道路。

回過頭看，一九九六年郵電部電信科學技術研究院創辦集成電路設計中心，第二年中心主任魏少軍決定開發積體電路卡（ＩＣ電話卡）用的晶片都是那個時代的縮影。一九九八年，研究院的集成電路設計中心改制成為大唐電信微電子公司，並且成功推出國產積體電路卡晶片，使當時的中國大陸擺脫了ＩＣ電話卡晶片的進口依賴，這便是進口替代之路的較早期探索。

7 走一趟新竹科技園區！

就在中國大陸的積體電路產業在改革開放的大潮中轉型之時，台灣的積體電路迎來了發展的新起點。

科技導向新戰略：二高二低二大

台灣的積體電路從二十世紀七〇年代的封裝環節起步，發展於二十世紀八〇年代末的晶圓代工廠，逐漸成為全球積體電路產業的重要力量。台灣的積體電路發展，與其二十世紀七〇年代開始的非營利性質的工業研究院鋪墊密切相關。

在此之前的一九六六年，台灣在高雄市前鎮區設立了高雄出口加工區，這是當時台灣的第一個出口加工區，美國通用儀器在此設廠裝配電晶體，成為發展的起點。此後，鑒於當時台灣低廉的人工成本（不及當時開發國家的十％），美國的德州儀器和艾德蒙、荷蘭的飛利浦、日本的日立和三菱均在台灣設立了工廠，由此拉開了技術轉移帶動電子產業代工的序幕。

在一九六九年參觀韓國科學技術研究院後，台灣從韓國聘請美國韓裔研究人員回國創業的經驗中獲得啟發，於一九七三年將當時幾家石化類研究所整合成為「台灣工業技術研究院」（簡稱「工研院」）。二十世紀七〇年代，工研院看到當時台灣並無電子產業的研究基礎，便於一九七四年成立了電子工業研究中心，並在一九七五年推出了「積體電路示範工廠設置計劃」（「積體電路」即為中國大陸所稱的集成電路）。計畫實施過程中，在曾任美國無線電公司微波研究室主任潘文淵的推動下，工研院從ＲＣＡ公司購買了專利技術後，同時向美國ＩＭＲ公司購買光罩製版，建設生產線，並改造升級再轉讓技術，以推動產業進步。

期間，工研院還組織四十多名留學人員到ＲＣＡ公司培訓，後來的聯發科董事長和創始人蔡明介、前世界先進董事長章青駒、創惟科技董事長王國肇、華邦電子創辦人楊丁元，都在其中。一九七七年十月二十九日，工研院的三吋晶圓中試生產線落成，採用七微米ＣＭＯＳ製造工藝。在台灣的積體電路發展中，被譽為經濟奇蹟的重要推手李國鼎，是業界公認的標誌性人物。

李國鼎一九一〇年出生於南京，一九二六年進入東南大學學習物理學，後赴英國劍橋大學留學，一九三七年抗日戰爭全面爆發後輟學回國。二十世紀六〇年代至七〇年代，李國鼎當經濟部長，草擬過投資獎勵條例，推動過出口加工區，並力推建立新竹開發區。經過二十世紀五〇年代至七〇年代的進口替代、出口替代後，台灣的小商品、小家電等勞動密集型產業有了很大的發展，鋼鐵、造船、石油化工等重化工業也已經有了很大的起色。然而，隨著土地和勞動力成本的快速上漲，不少人意識到低工資、低成本的模式無法延續，需要產業轉型。

「應集中力量發展微型電腦及其週邊設備和中文電腦軟體」，這是李國鼎當時的判斷。一九七六年開始，李國鼎支援多所大學研製半導體各階段的技術。一九七八年，李國鼎赴美招攬外籍專家學者作顧問，同時開始制定政策吸引人才回到台灣。一九七九年，李國鼎推動成立財團法人資訊工業策進會，隨後實施了資訊技術人才推廣教育計畫，以普及先進的資訊技術知識和軟體研發。

李國鼎等人考察美國後，認為資訊將成為未來社會發展的重要資源，台灣適合電子資訊產業的發展。「從工業產品的特點來看，將來發展的趨勢可以大體上描述如下：原料工業趨向於能源密集型；系統設備和部件工業趨向於技術密集型；最終產品工業趨向於腦力密集型。由於台灣缺乏原料和能源，所以必須利用它的腦力資源來發展非能源密集型工業。微電子技術及其相關工業的發展就屬於這一類。」這是李國鼎的看法。由此，台灣的積體電路產業起步。

與李國鼎一起推動的，還有孫運璿。孫運璿曾於一九七三年推動工研院的成立，後來又推動了美國無線電公司向台灣的積體電路技術轉移，與李國鼎共同促進了新竹科學工業園區的成立。新竹科學工業園區於一九七六年便開始籌建，一九八〇年底正式成立，主要位於新竹市東區與新竹縣寶山鄉，與中部科學工業園區、南部科學工業園區構成台灣的「西部科技走廊」。在籌建期內，全球的金融危機、糧食危機與石油危機使台灣的出口導向型經濟體的經濟大受衝擊，轉型升級迫在眉睫。

在調整過程中，台灣遵循「二高二低二大」（技術密集度高、附加價值高，能源密集度低、汙染低，關聯度大、市場潛力大）的原則，選擇機械工業和資訊產業作為重點工業，並將科技園區作為落實重點工業的發展措施之一，而新竹科學工業園區則成為從「出口導向」向「科技導向」轉型的節點加以布局。初期，台灣投入大量資源展開園區的基礎設施建設，並設立了《科技園區設置條例》、《科學工業園區外匯管理辦法》、《科學工業園區貿易管理辦法》等配套的政策，建立了專業的園區管理機構，引進海歸人才創業。

一九七九年，工研院電子中心升級成為電子工業研究所，開始了籌建商業公司的步伐。不過，在籌建聯華電子公司的過程中，其所邀請的聲寶、大同、東元、裕隆等民營企業並不積極。一九八〇年，聯華電子成立後，進駐新成立的新竹科學園區，從美國引進四吋晶圓生產線，此後幾年內聯華電子的計畫進展順利，而工研院也將新開發的三・五微米CMOS製造工藝轉讓給聯華電子。在聯華電子的帶動下，一批民營企業進軍電子產業，同時也有一批海外留學人員回歸創業——例如曾在仙童半導體工作過的陳正宇，在將 16KB/64KB SRAM 技術轉讓給韓國現代電子後，回到台灣創辦了茂矽電子。

同時，在日本超大型積體電路計畫的成功經驗啟示下，台灣於一九八三年啟動了「電子工業研究發展第三期計畫」，計畫目標是一九八八年前將工藝提升至一・二五微米。在計畫實施過程中，工研院借鑒三星在矽谷設立合資企業的做法，於一九八四年併購了矽谷的亞瑞科技。新竹園區起步後，李國鼎多次前往矽谷招攬人才，僅一九八三年五月就在矽谷約見了約兩千多名華裔科學家與工程師，邀請他們到台灣發展。同時，他還推動了《創業投資事業管理規則》和《創業投資事業推動方案》，以促進創業投資的發展。一九八五年，時任工業研究院院長徐賢修找到張忠謀後，張忠謀答應了邀請，出任工研院院長。

走一趟新竹科學工業園區

張忠謀出任工研院院長後，針對當時台灣缺少晶圓工廠的困境，推動了晶圓代工廠的發展。從一九八七年全球首家專業晶圓代工廠台積電發展開始，一批中小企業走上了專業代工的道路。一九九五年，垂直一體化製造商（ＩＤＭ）聯電公司也進行轉型，進軍專業的晶圓代工，以晶圓代工為支柱的垂直分工產業鏈不斷發展。在台灣積體電路企業展露鋒芒的進程中，新竹科學工業園區（簡稱新竹園區）逐步形成了涵蓋晶片設計、光罩製板、晶片製作、封裝、測試等環節在內的產業聚落，例如在設計環節衍生了茂矽、矽統、威盛等企業。

在張忠謀出任工研院院長的同時，新竹科學工業園區的基建工程基本完成，但是新竹科學工業園區仍然是以大學科技園為主，品牌影響力有限，企業入駐數量增長緩慢。在接下來的五年，園區實施「科技生根、市場拓展」戰略，在全面規劃的同時與矽谷形成了良好的互動，並從美國大規模地引進人才、技術和計畫，企業數量快速增長。此後，積體電路的垂直分工在台灣發端，園區創新創業的環境得到了極大改善，民間投資大批湧入，園區影響力日漸增加，各種跨國聯盟已從「引進來」到逐步「走出去」。

可以說，新竹科學工業園區是台灣以關鍵元件或模組、週邊設備等為切入點，向垂直分工轉型，再向自主創新和自有品牌建設的轉型縮影。新竹科學工業園區的晶圓代工廠模式發展後，台灣於一九九〇年啟動了「次微米製程技術發展五年計劃」，以發展八吋晶片、〇．五微米工藝技術，計畫發展過程中一批留學人員歸來，為技術發展貢獻了力量。

一九九四年，為落實次微米計畫的研發成果，由台積電占三十％股份，華新麗華、矽統、遠東紡織等十三家公司參股的世界先進積體電路股份有限公司在新竹園區組建，並建設了台灣第一座八吋晶圓廠。世界先進積體電路公司的主要產品為動態處理器晶片，但是在激烈的競爭中多年虧損，被迫退出產業競爭，最後在台積電主導下轉型成為晶圓代工廠。

同樣在一九九四年，精英（力捷）電腦的董事長黃崇仁在獲得日本三菱電機的技術授權後，在新竹園區成立了力晶半導體。不過，力晶技術儲備有限，再加上資金鏈未能跟上，出現了嚴重虧損。後來，世界先進向力晶注資，成為力晶的最大股東，而力晶也自此向晶圓代工轉型。

二十一世紀以來，園區的土地、水電、勞動力成本、環保、效能等各方面已經承受了巨大的壓力，因而新竹園區開始了從製造為主向研發創新主導的轉型，但是並未達到理想的效果。在二〇〇八年全球金融危機中，記憶體價格暴跌，新竹園區的力晶、茂德等出現了巨額虧損。

回顧新竹園區乃至整個台灣的動態隨機記憶體業務發展歷程，可以發現沒有核心技術研發能力、依賴歐美日的技術授權，使其失去了發展的根本驅動力。這種技術局限，不僅表現在產品設計上，也表現在其生產線所需的設計研發上，因而一旦遭遇訂單萎縮或是價格下跌，這些通過技術授權和設備引進擴充產能的「快進快出」企業便立刻陷入了困境。

8 比戰略，也比耐力

從總體上看，中國大陸積體電路產業的發展，正處在跨越發展的關鍵時期。放眼全球，戰略協同已成為提高區域積體電路產業國際競爭力的關鍵。然而，積體電路的產業升級是個循序漸進的過程，不可能一步到位、一蹴而就，必須有持續創新的戰略定力和久久為功的耐力。如果沒有準確地把握發展規律，就無法最終贏得市場。

設計與製造的配套

二十世紀八〇年代以來，全球積體電路經歷了從歐美地區向以日本、韓國和台灣為代表的東亞地區轉移過程。當前的積體電路發展中，中國大陸則又成為了發展的重心，東亞地區的積體電路轉移正在發生。在中國大陸的積體電路發展歷程中，長三角成為聚集度最高、產業鏈最為完整的地區。

「九〇九工程」的建設，成為上海積體電路發展的又一個新起點。在上海的積體電路發展中，張江成為聚集度最高的區域。一九九二年七月，上海市張江高科技園區成立，規劃面積二十五平方公里。一九九九年八月，上海市委、市政府決定實施「聚焦張江」戰略，積體電路成為重點聚集的產業之一。不久後，一期投資十四·七六億美元的中芯國際集成電路製造（上海）有限公司和一期投資十六·三億美元的宏力半導體製造有限公司先後開工，迅速提高了中國大陸積體電路產業的工藝水準，大幅縮小了與世界先進水準的差距。

這一時期，上海貝嶺浦東積體電路生產線投資五億美元、泰隆半導體（上海）有限公司投資四億美元、宏一半導體封裝測試（上海）有限公司投資三億美元、英特爾科技晶片封裝測試基地擴建投資三億美元、上海IBM微電子產品有限公司投資四億美元、艾克爾科技（Amkor Technology）封裝測試（上海）有限公司投資三億美元、上海阿法泰克電子有限公司投資四億美元等，很多項目在上海聚集。此外，浦東還引進了光罩企業福尼克斯、設備企業應用材料公司、專業氣體企業普萊克斯、引線框架企業三井高科技公司等積體電路產業發展所需的配套企業。

以中芯國際和宏力半導體等大企業為主，上海向積體電路的上下游環節延伸，培育引進了展訊等設計企業、日月光公司等封裝企業，建構了集設計、製造、封裝測試和設備製造的完整產業鏈，產學研合作、創業投資等模式則為產業生態系統的建設提供了支援。二〇〇四年，張江園區已聚集約七十家積體電路設計企業。

在這些設計企業中，展訊的堅持與努力，是上海晶片設計企業發展的一個縮影。「以持續的創新與服務，成就產業領先」，是展訊願景中的使命之一，也是晶片設計產業發展的生存法則。二〇〇〇年，《鼓勵軟體產業和集成電路產業發展若干政策》發布後，二〇〇一年，武平、陳大同、范仁勇等人滿懷著夢想和期望，從矽谷回國創辦了展訊。當時，中國大陸對積體電路產業的投資還很少，初創的展訊面臨著嚴重的募資困難，甚至後來的主要競爭對手之一聯發科還曾經投資過展訊。就在這樣艱難的起步中，展訊通過近兩年的努力，在二〇〇三年開發出世界首顆全球移動通訊系統（GSM）（2G）／通用分組無線服務（GPRS）（2.5G）基帶單晶片SC6600B，一舉打開了市場，與當時的市場領先者聯發科相抗衡。二〇〇四年，展訊又開發出全球首款時分同步碼分多址（TD——SCDMA）（3G標準之一）／GSM雙模手機基帶單晶片，但是當時國際應用最廣泛的卻是寬頻碼分多址（WCDMA）標準，展訊的巨額研發投入並未取得預期效果，而聯發科則主導了國產手機的晶片市場。

經歷了初創期的募資困難、雙模手機基帶單晶片開發帶來的資金虧損後，二〇〇六年展訊終於實現了盈利，並在次年成為中國大陸首家在那斯達克上市的晶片設計企業。二〇〇八年初，展訊以七千萬美元併購了美國射頻晶片企業QUORUM。

但是，好景不常，二〇〇八年金融危機來臨，全球的晶片產業風雨飄搖，而展訊的營收和股價也是快速下滑：二〇〇八年第三季度展訊的虧損額度達到三千一百三十萬美元，股價跌至一美元以下。在昔日的創業團隊中，陳大同、范仁勇等紛紛離開，而堅守陣地的武平也於二〇〇九年初辭去執行長。

苦苦的堅持中，持續的創新仍然是展訊的生存之道和翻身的法寶。二〇〇八年五月，李力游加入展訊擔任第一副總裁。二〇〇九年二月，李力游接替武平出任展訊執行長，隨後兼任董事長。風雨飄搖之際，臨危不懼的李力游帶領團隊力挽狂瀾，上任之初將展訊的重心轉向 2G 市場，在加強展訊內部溝通協調的同時強調客戶關係管理和品質控制：在內部管理上，李力游從研發團隊中挑選技術人員組成產品品質攻略小組，限定時間、責任到人地解決產品品質問題，同時廣納賢才提升執行力。在客戶關係維護上，李力游身先士卒地拜訪客戶，了解產品定位和品質不好的原因，不厭其煩地向客戶解釋展訊改進晶片品質的方法、展示測量數據、保證品質問題百分百包換，為贏得客戶信任打下基礎。

這一年，展訊量產了高性價比的 2G 晶片 6600L，該晶片被當時的業內認為性能優於聯發科的主打產品 6225，且成本比後者低。由此，展訊單晶片雙卡雙待方案獲得了三星手機的訂單，在與聯發科的競爭中重拾了使用者信心。此後，展訊還成功研發了 TD—SCDMA/HSDPA/EDGE/GPRS/GSM 射頻多模單晶片，在全球推出了單晶片三卡三待、四卡四待手機方案，大幅提高了市場占有率。由此，展訊打入三星等國際手機廠商的供應鏈，產品銷往全球數十個國家和地區。二〇一一年一月，展訊發布了全球首款四十奈米低耗能 TD—HSPA/TD—SCDMA 多模通訊晶片，直接從一百五十奈米跳到四十奈米。

不到兩年時間，展訊的股份從低谷時的〇・六七美元漲了二十多倍，在技術、產品以及市場上全面突破，實現了鳳凰涅槃。二〇一三年，展訊的營收增至十・七億美元，相比二〇〇九年的約七千萬美元大幅增長。這一年，紫光集團對展訊進行私有化退市，展訊由此成為紫光集團的子公司。

二〇一三年，紫光集團收購展訊後，展訊仍然堅持其自主研發的「法寶」。不到三年時間，展訊迅速改變了單一產品（2G／3G功能機）、單一市場（集中在中國大陸的TD—SCDMA市場）的局面，成為擁有全面產品線的手機晶片設計企業。二〇一六年，展訊的3G WCDMA產品出貨量約兩億套。4G產品在二〇一五年實現量產，二〇一六年的出貨量約一億套，約占全球4G手機市場總量的十一%。同年，還實現了約二・六億套的智慧手機晶片出貨，約占全球智慧手機市場總量十八%。除基帶及射頻晶片外，展訊還向無線連接晶片進軍，將北斗晶片作為其產品開發物件。

紫光集團在收購展訊後，還收購了銳迪科，並對展訊和銳迪科進行了有效整合及重新定位。兩家公司利用各自在技術和產品上的優勢與差異，戰略布局差異化的目標市場。展訊的業務更加聚焦於移動終端，銳迪科則更側重物聯網產品。由此，紫光展銳的產品涵蓋了移動通訊和物聯網領域，包括2G／3G／4G移動通信基頻晶片、射頻晶片、無線連接晶片、安全晶片、電視晶片、影像感測器晶片，向全球前三的手機基頻晶片設計企業、中國大陸最大的泛晶片供應商、中國大陸領先的5G通訊晶片企業進軍。

二〇一六年，上海積體電路設計業銷售收入首次超過封裝測試業，其在產業鏈中的比重提升至三十四・七%，而設計的晶片已涉及移動智慧終端機、無線通訊及互聯網、智慧卡、電源管理、顯示驅動、電能計量及電力線載波通訊、音視頻多媒體、數位電視及機上盒、微控制器、記憶體配套晶片、資訊安全及安全防護、I／O介面及保護電路等十五大類。自此，上海積體電路產業鏈已初步實現了從封裝測試業為主，向以積體電路設計業和晶片製造業為主的轉變。至二〇一八年初，僅張江就已聚集了國內外知名積體電路企業兩百餘家。

在上海，展訊通信、銳迪科微電子、芯原微電子、瀾起科技等設計企業，與中芯國際、華虹宏力、台積電（上海）、上海先進等製造企業，以及日月光封裝測試（上海）等其他企業形成了集設計、製造、測試、封裝、材料、技術服務等於一體的完整產業鏈。隨著華力微電子十二吋先進生產線、中芯國際新產線等計畫在張江科學城的建設，張江積體電路產業能級進一步提升，引領著中國大陸積體電路的升級。

封裝測試的突破

作為長三角城市積體電路發展龍頭的上海在不斷突破的同時，長三角其他地區的積體電路也在向縱深挺進。

歷史上，江蘇積體電路的發展較早，一九六八年江蘇省便根據中央和主管部門的指示部署積體電路的研製，當時曾撥款一百五十萬元組織南京大學、南京工學院、江蘇無線電廠、華東電子管廠、南京電子管廠、江南光學儀器廠等研製關鍵設備，其中華東電子管廠還曾建了一條積體電路生產線並試製出樣品，南京電子管廠則試製出全國第一台自行設計的離子注入機樣機，而江南光學儀器廠則試製出電子束製板與光刻機樣機。

不過，後來研製工程被擱置，而江蘇省的積體電路和電腦協同攻略在一九七七年才得以啟動。為此，江蘇省於一九七八年二月發布了江蘇全省發展大規模、超大型積體電路和大型電腦的規劃（草案），並為此專項撥款一千萬元作基建費、省科委撥科研費兩百萬元，在南京、揚州、南通、蘇州建立四座大淨化廠房，在南京工學院建立積體電路製版中心並安排多個科研計畫，但是由於各種原因，於一九七九年暫緩執行。

一九八〇年，江南無線電器材廠的電視機積體電路引進工程建線破土動工，是江蘇乃至全國當時積體電路發展的新探索。後來的無錫微電子聯合公司、中國華晶電子集團公司的成立和建設，是無錫的積體電路得以群聚發展的源頭。當時，以無錫為代表的江蘇積體電路發展，基於前道晶片集中生產、後道封裝適當分散的原則調整了廠點，逐步形成了中國華晶電子集團公司、常州半導體廠、南京半導體器件總廠、蘇州半導體總廠、江陰電晶體廠、南通電晶體廠、揚州電晶體廠、常熟半導體器件廠、南京電子器件研究所、南京積體電路研究所的蘇南地區聚落。

江蘇積體電路此後的發展中，封裝測試企業的聚集已是一大特色。二〇〇五年，江陰長電科技股份有限公司、南通富士通微電子股份有限公司等封裝測試企業的銷售額超過十億元。江蘇省半導體產業協會統計的數據顯示，二〇一五年江蘇積體電路產業營收一千一百九十二·二億元，其中封裝測試業為五百一十二·七億元，配套產業為三百一十六·一億元，而設計業和晶圓製造業則分別為一百五十三·七億元和兩百零九·七億元。二〇一五年江蘇省積體電路企業約四百五十家，其中積體電路設計企業兩百六十家，晶圓製造企業二十餘家，封測企業六十五家，半導體分立器件企業四十餘家，配套企業近六十家。

在發展的過程中，無錫逐漸發展成為全國積體電路產業的重鎮，不為風險所懼、不為困難所阻正是其發展的文化動力。二〇〇〇年，無錫成為繼上海、西安後第三個獲科技部批准的國家級積體電路設計產業化基地。如今，長電科技、華潤微電子、ＳＫ海力士等企業已在該地聚集。

在無錫的積體電路發展中，長電科技的發展頗具啟示。長電科技的歷史可追溯至一九七二年江陰政府創辦的長江內衣廠。長江內衣廠成立後，在全國建設電晶體廠的小高潮中，也往電晶體的生產進軍。一九八四年，江陰電晶體廠因在同步衛星發射中所做的貢獻受到了中共中央、國務院和中央軍委的表彰。儘管如此，江陰電晶體廠的市場之路並不容易。二十世紀八〇年代，在海外積體電路產品的衝擊下，大多數電晶體廠的業務舉步維艱，而江陰電晶體廠的客戶也只剩下了江南無線電器材廠一家。

一九八八年，江陰電晶體廠陷入了經營困境，時年三十二歲的王新潮擔任廠黨支部書記兼副廠長。在赴江陰電晶體廠上任前，初中畢業的王新潮還在江陰第一織布廠當機修工。儘管他通過努力完成了自學考試，但是在當時江陰電晶體廠的唯一客戶江南無線電器材廠看來，從紡織廠的機修工到管理好電晶體廠，實在是差異太大。經過再三溝通，王新潮在客戶的質疑中以黨支部書記兼副廠長的身分上任。王新潮上任後不久，便在江陰電晶體廠推進以品質為核心的責任制，一年內便將成品率從五十％提升至七十％至八十％，由此也打消了客戶的質疑，於一九九〇年升任廠長。

面對巨額虧損的江陰電晶體廠，王新潮任廠長後抓文化、抓品質、抓產品。其中，王新潮在產品研發上把目光投向了發光二極管指示燈，這個新產品的研發對於當時來說還有很大的風險。在無法獲得銀行貸款的情況下，王新潮借錢籌集了五萬元的研發經費，產品開發後又親自帶人騎自行車推銷。很快，新產品開發取得了成功，江陰電晶體廠也在拓展市場中轉虧為盈。一九九二年，江陰電晶體廠更名為長江電子實業公司。

此後，長江電子實業公司的業務順利發展，但是一九九七年的東南亞金融危機影響了整個半導體產業。在產業的衝擊中，王新潮認為電子元件的發展未來可期，長江電子實業公司可以先做好分立器件的封裝。為了拉開與同行的差距，王新潮力排眾議，將封裝規模大幅擴展。二〇〇〇年，長江電子實業公司依法變更為長電科技。此後，國產分立器件的市場不斷擴張，而長電科技又由此迎來了新一輪的發展高潮。

二〇〇二年十二月三日，原中國華晶電子集團公司正式變更為無錫華潤微電子有限公司。此後，中國華晶電子集團進出口公司董事長、無錫華潤微電子聯合公司副總經理于燮康接受長電科技的邀請，出任長電科技總經理。二〇〇三年六月，長電科技在上海證券交易所成功上市。

長電科技上市後，曾經試圖以規模優勢打價格戰，但是以失敗告終。於是，長電科技開始了新技術的探索，希望能在產業裡取得先機。二〇〇四年，長電科技投資六億元改造直插式元件生產線，建設了貼片式生產線。在當時，直插式仍然是市場主流，而長電科技的貼片式生產線可以大幅減少分立元件數量，並用機器取代了大量人工作業。由此，長電科技再次得到了快速發展，技術創新和結構調整之路相得益彰。

在整個封裝技術的轉型中，二十年代七〇年代的主流技術是雙列直插式封裝（簡稱雙入線封裝）技術。二十世紀八〇年代的主流技術是小外形封裝技術和方型扁平式封裝技術。二十世紀九〇年代的主流技術為球狀引腳柵格陣列封裝（Ball Grid Array, BGA）技術。二〇〇二年前，長電科技掌握以雙入線封裝和小外形封裝技術為主，二〇〇三年長電科技的QFP技術趨於成熟，但是長電科技發展新技術的腳步並未就此停下。

二〇〇三年九月八日，江蘇長電科技第一次臨時股東大會召開，通過了關於對外投資組建中外合資公司的議案：同意投資七百萬美元（占合資公司註冊資本的五十三．八五％），與新加坡先進封裝技術私人有限公司共同組建江陰長電先進封裝有限公司。當時，江陰長電先進封裝有限公司發展了用於裸晶（Bare Chip）封裝的前道工序凸塊加工業務，該類封裝主要用於液晶顯示器等當時的高端電子產品，而長電科技由此建立了中國大陸首條國際水準的晶圓級封裝生產線。在此基礎上，長電科技開發了方形扁平無引腳封裝技術、晶圓級晶片規模封裝技術，躋身先進封裝廠商的行列。對此，王新潮曾總結：「我們以前是靠規模求生存，現在是規模加技術求發展。」

二〇一四年長電科技與中芯國際聯合成立了中芯長電半導體有限公司。同年，長電科技與淡馬錫開始談判併購星科金朋的事宜。得益於剛剛成立的國家集成電路產業基金，長電科技得以與新加坡方面達成協議。二〇一五年長電科技正式併購新加坡的星科金朋，其後對星科金朋原有架構進行了有效整合，走上了進軍全球領先封裝測試廠商的道路。

歷史的細節，常常內有乾坤。說到無錫，值得一提的還有至今仍能為解決人才瓶頸提供啟示的「星期日工程師」。

二十世紀七〇年代末期至八〇年代中期，無錫在創造「蘇南模式」的同時，也創造了「星期日工程師」。「星期日工程師」在蘇南地區的鄉鎮企業起步、發展中曾經發揮了重要作用。改革開放後鄉鎮企業發展工業的積極性高漲，但是懂技術、會使用生產設備的人才稀缺。於是，蘇南地區的鄉鎮企業透過種種關係從上海、南京、無錫、蘇州等城市工廠和科研機構借腦借智，聘請工程師、技術顧問和師傅利用「八小時」以外的週末業餘兼職，在完成本職工作、不侵害國家和單位技術、經濟權益的前提下，提供技術指導，並依照協議收取勞動報酬。由此，「星期日工程師」成為了科企合作的「橋梁」和「紐帶」。二〇一三年，無錫端出《關於柔性引進外國專家、海外智力為企業服務的行動計畫》，鼓勵海外留學人才和外籍工程師短期來無錫展開科技研發、技術創新、計畫合作，以此打破國籍、地域等人才流動的剛性制約，形成「不求所有、但求所用」的升級版、海外版「星期日工程師」引才機制。

垂直一體化的探索

繼無錫之後，杭州成為長三角第三個、全國第六個獲科技部批准的國家級積體電路設計產業化基地。二〇一七年推出的《杭州市集成電路產業發展規劃》顯示，浙江省八十五%以上的設計企業和九十五%以上的設計業務收入集中在杭州。杭州士蘭微電子股份有限公司是國內為數不多的垂直一體化企業之一，於一九九七年由陳向東等七位原紹興華越微電子的高管成立，而紹興華越微電子的前身則可追溯至一九八三年甘肅天水的國營第八七一廠在紹興籌建的八七一廠紹興分廠。陳向東畢業於復旦大學物理電子半導體專業，一九八二年畢業之後被分配到了國營第八七一廠從事晶片設計，一九八四年紹興分廠建立時任車間副主任，一九八八年紹興分廠改制時被任命為常務副廠長主持日常工作，一九九二年紹興華越微電子公司再次改制為有限責任公司時出任代理總經理。一九九三年，陳向東、范偉宏、鄭少波、江忠永、羅華兵、宋衛權、陳國華辭職。

此時，台灣友順科技的董事長高耿輝正準備投資五十萬美元，在中國大陸成立主營積體電路的企業杭州友旺電子有限公司，由陳向東等七人負責研發、生產和銷售。高耿輝承諾給陳向東等七人以四十%的股份，但是由於當時個人不能占有台資企業股份的政策，承諾無法落實。在七人的努力下，杭州友旺電子發展順利，自一九九五年友旺電子的委託訂單甚至使得瀕臨困境的丹東、福州兩條國有生產線得以盤活產能，這種「設計＋製造」的模式為後來的垂直一體化模式埋下了伏筆。

不久，陳向東等人萌發了自己註冊企業的想法，七人商量後籌措了三百五十萬元於一九九七年九月二十五日註冊成立杭州士蘭電子有限公司。次月，士蘭電子接受贈送的友旺電子四十%的股權（經一九九六年底審計為三百二十四萬元）。同時，高耿輝要求陳向東在經營士蘭電子的同時，繼續經營友旺電子。

儘管成立杭州士蘭電子有限公司的初衷是接受友旺電子的股權，但是企業成立後就得經營。

在七人的努力下，士蘭電子和友旺電子都獲得了長足發展。一九九九年年底，士蘭電子召開年度股東會通過決議，以未分配利潤轉增註冊資本。此時，陳向東在競爭中把目光投向了積體電路生產線的建設，鑒於週期長、風險大，尋求上市融資、收購現有生產線成為了合理的選擇。在考察中，陳向東把目光投向了當時中國大陸的積體電路骨幹企業之一——紹興華越，但是收購計畫以失敗告終。

收購計畫未果，陳向東只能選擇自己建設生產線。此時恰逢全球晶片業低谷時機，二〇〇一年在銀行融資的資助下開工建設積體電路生產線，二〇〇二年底六吋、五吋相容〇．八微米的生產線建成投產，由此初步建立了晶片設計與製造的協同優勢，同時也為上市之路奠定了基礎。在此謀劃期間，杭州士蘭電子於二〇〇〇年整體改制為杭州士蘭微電子股份有限公司（簡稱士蘭微），準備上市之路。

二〇〇三年，士蘭微成功在上海證券交易所上市，二〇〇四年，士蘭微在杭州建設測試工廠並投產，由此完成了晶片設計、製造和測試三個基地的建設，垂直一體化的雛形已經具備。此後，士蘭微又開始了新生產線的建設，並於二〇〇五年建立了六吋晶片生產線。其後，士蘭微又在八吋生產線、封裝測試領域不斷拓展，其與標準ＣＯＭＳ工藝的外包、晶片的自主設計，形成了特色的垂直一體化模式，既保障了合理利潤，又使得其在功率半導體模組和感測器等方面得以更快拓展。從五吋、六吋到八吋、十二吋，士蘭微具備了設計、製造、封裝等的完整能力，與國際領先廠商的差距也正在縮小。

在長三角的積體電路發展之時，全國其他地區的積體電路也在不斷發展，其中總部位於深圳的海思半導體是中國大陸晶片設計產業的領先企業。

海思半導體有限公司成立於二〇〇四年十月，前身是創建於一九九一年的華為積體電路設計中心，於一九九三年開發成功第一塊數位專用積體電路，二〇〇一年開發成功WCDMA基站套片，二〇〇六年推出H264標準的視頻編解碼晶片，二〇〇八年推出全球首款內置正交振幅調製的數位有線電視機上盒單晶片，二〇一二年發布四核手機處理器晶片K3V2，二〇一四年發布四核麒麟910T（即kirin910T）晶片和八核海思麒麟晶片，二〇一五年發布六十四位八核的海思麒麟930晶片。

此後，海思在高性能的麒麟系統級晶片解決方案上不斷進軍，提供了從高速通訊、智慧設備、物聯網到視頻應用的晶片組解決方案，在全球一百多個國家和地區得到實地驗證，在移動通訊產業建立了技術領先地位。如今，海思已在北京、上海、成都、武漢與新加坡、韓國、日本、歐洲等其他地區設立了辦事處和研究中心，建立了強大的積體電路設計和驗證技術，成功開發了兩百多種晶片，並申請了五千多項專利，成為領先的積體電路設計企業。

聚焦制約戰略的瓶頸，聚力引領發展的市場，聚合技術升級的動力，通過增長極的引領帶動和點極之間的協同連動，促進區域內經濟布局和要素配置優化，終將轉化成為中國大陸積體電路產業聚集發展、蓬勃發展的未來。

9 戰略導向，不可鬆懈

國家戰略的支持，是推動積體電路產業持續健康發展的強大動力。在強化戰略導向的基礎上，以繩鋸木斷、水滴石穿的努力，才能破解積體電路產業發展的共同難題。

戰略產業：中國已是全球第二大市場

二〇〇〇年，《國務院關於印發鼓勵軟體產業和集成電路產業發展若干政策的通知》（國發〔二〇〇〇〕十八號）印發，通知指出「軟體產業和積體電路產業作為資訊產業的核心和國民經濟資訊化的基礎，越來越受到世界各國的高度重視。中國大陸擁有發展軟體產業和積體電路產業最重要的人力、智力資源，在面對加入世界貿易組織的形勢下，通過制定鼓勵政策，加快軟體產業和積體電路產業發展，是一項緊迫而長期的任務，意義十分重大」。

通知還明確了積體電路產業的投融資政策、稅收政策、產業技術政策、出口政策等，鼓勵積體電路產業發展。同年，配套規定《財政部國家、稅務總局、海關總署關於鼓勵軟體產業和集成電路產業發展有關稅收政策問題的通知》（財稅〔二〇〇〇〕二十五號）下發，明確了軟體產業和積體電路產業的稅收政策及稅務管理的細節。二〇〇二年，信息產業部、國家稅務總局下發《集成電路設計企業及產品認定管理辦法》（信部聯產〔二〇〇二〕八十六號），規定了積體電路設計企業認定、積體電路產品認定的原則、條件、審批程式等，明確了積體電路設計企業和積體電路產品享受國務院《鼓勵軟體產業和集成電路產業發展的若干政策》的審定辦法和認定程式。這一年，中國大陸推出更多鼓勵軟體產業和積體電路產業的政策規定，由此，支持積體電路發展的稅收支援不斷完善。

與此同時，鼓勵軟體產業和積體電路產業發展的其他配套政策也得到了落實。例如，二〇〇一年《集成電路布圖設計保護條例》以及《集成電路布圖設計保護條例實施細則》（國家知識產權局令第十一號）發布，由此保護積體電路布圖設計專有權的知識產權保護措施也已推出。在國家「八六三」、「九七三」計畫的大力支援下，國產處理器作為重點攻略領域在多個單位同時研發。

加入世界貿易組織（ＷＴＯ）後，國際化視野、專業化運作的理念在中國大陸的半導體產業越來越深入。二〇〇一年，方舟、中星微、展訊三家公司開啟了成長、突圍的新歷程。這一年，倪光南與方舟科技公司合作研發了「方舟一號」處理器；中星微自主開發主攻筆記型電腦攝像頭的數位多媒體晶片「星光一號」，並且拿到了飛利浦和三星的訂單，但是卻在索尼碰壁；武平、陳大同等人從海外歸來後創立了展訊通信，帶著手機晶片的夢想出發；胡偉武帶著師生成立了「龍芯」課題組，開始了國產化處理器開發的新路徑，次年採用ＭＩＰＳ指令集的三十二位元微處理器的「龍芯一號」在中國科學院計算技術研究所問世。

弘揚創業精神，才能培育符合積體電路持續創新發展要求的人才隊伍。在政策和多種因素的綜合驅動下，中國大陸的積體電路產業規模迅速擴大，「十一五」期間晶片設計業和晶片製造業的比重從二〇〇〇年的三十一％提高到二〇〇五年的五十．九％，而封裝與測試比重則由同期的六十九％下降到四十九．一％。

中芯國際等一批企業的培育，標誌著積體電路產業迎來了新一輪的發展：二〇〇〇年，張汝京在上海創辦中芯國際；二〇〇一年，趙廣民在珠海創辦珠海炬力，武平在上海創辦展訊通信，勵民在福州創辦瑞芯微電子，戴偉民在上海創辦芯原微電子；二〇〇二年，張帆在深圳創辦匯頂科技；二〇〇四年，戴保家在上海創辦銳迪科；二〇〇三年，中興通訊控股子公司深圳市中興微電子技術有限公司註冊成立；二〇〇四年，以華為集成電路設計中心為基礎創建的深圳市海思半導體有限公司註冊，楊崇和在上海創辦瀾起科技；二〇〇五年朱一明在北京創辦兆易創新。二〇〇五年，積體電路產量達到兩百六十六億塊，銷售收入由二〇〇〇年的一百八十六億元提高到二〇〇五年的七百零二億元，年均增長三十．四％，占世界積體電路產業的份額由一．二％提高到四．五%。

不過，與快速增長的市場需求相比，積體電路的國產化明顯不足，二〇〇五年中國大陸積體電路市場規模達到了約三千八百億元，占全球比重達二十五%，已是全球僅次於美國的第二大積體電路市場。

「十一五」期間的一系列政策進一步明確了積體電路產業發展的戰略定位。二〇〇六年，《國民經濟和社會發展第十一個五年規劃綱要》發布，提出要大力發展積體電路、軟體和新型元件等核心產業。同年發布的《二〇〇六～二〇二〇年國家資訊化發展戰略》提出要加強政府引導，突破積體電路、軟體、關鍵電子元件等基礎產業的發展瓶頸，提高在全球產業鏈中的地位。二〇〇九年《電子資訊產業調整和振興規劃》提出要完善積體電路產業體系：完善積體電路設計支撐服務體系，促進產業聚集；引導晶片設計企業與整機製造企業加強合作，依靠整機升級擴大國內有效需求；實現部分專用設備的產業化應用，形成較為先進完整的積體電路產業鏈。二〇一〇年《國務院關於加快培育和發展戰略性新興產業的決定》（國發〔二〇一〇〕三十二號）將新一代資訊科技作為戰略性新興產業之一，提出要著力發展積體電路、新型顯示、高端軟體等核心基礎產業。其間，二〇〇八年《財政部、國家稅務總局關於企業所得稅若干優惠政策的通知（二〇〇八）》（財稅〔二〇〇八〕一號）則明確了鼓勵軟體產業和積體電路產業發展的優惠政策：積體電路設計企業視同軟體企業，享受軟體企業的有關企業所得稅政策。

二〇一一年推出的《國務院關於印發工業轉型升級規劃（二〇一一～二〇一五年）的通知》（國發〔二〇一一〕四十七號）、《國務院關於印發進一步鼓勵軟體產業和集成電路產業發展若干政策的通知》（國發〔二〇一一〕四號），二〇一二年推出的《集成電路產業「十二五」發展規劃》、《財政部國家稅務總局關於進一步鼓勵軟體產業和集成電路產業發展企業所得稅政策的通知》（財稅〔二〇一二〕二十七號），以及二〇一三年推出的《國務院關於促進資訊消費擴大內需的若干意見》（國發〔二〇一三〕三十二號）都進一步明確了積體電路發展的重要意義和鼓勵措施。二〇一三年，中國大陸的積體電路進口額已達兩千三百一十三億美元，超過石油成為第一大進口商品，積體電路產業的戰略意義進一步凸顯。

新的起點：《國家集成電路產業發展推進綱要》

二〇一四年是中國大陸積體電路產業發展的又一個新起點。二〇一四年六月，國務院正式推出了《國家集成電路產業發展推進綱要》，再次強調積體電路產業是資訊科技產業的核心，也明確指出以需求為導向、以整機和系統為牽引，提出建構「晶片——軟體——整機——系統——資訊服務」產業鏈的計畫。

《國家集成電路產業發展推進綱要》提出了推進積體電路產業發展的八項保障措施，包括成立國家積體電路產業發展領導小組、設立國家產業投資基金、加大金融支援力度和落實稅收支援政策等措施。《國家集成電路產業發展推進綱要》的發布、大基金的成立，標誌著中國大陸對於積體電路的持續創新、持續投資、持續推進有了更深的認知，創新驅動引領大發展的春天正在到來。

這一系列的配套措施很快得到了落實。二〇一四年九月國開金融、中國煙草、亦莊國投、中國移動、上海國盛、中國電科、紫光通信、華晶投資等作為發起人，吸引大型企業、金融機構以及社會資金的國家集成電路產業基金公司（「大基金」）正式註冊成立。「大基金」的成立，意謂著中國大陸對於積體電路長期連續的、大規模的資金支撐有了更為深入的認知，而積體電路產業鏈的股權投資也由此使投資布局從「面覆蓋」向「點突破」轉變，投資重心從「注重投資前」向「投前投後並重」轉變。「大基金」成立後，為一系列企業的發展提供了支援，例如不久後長電科技併購新加坡星科金朋即獲得了其支援。

二〇一五年《關於進一步鼓勵集成電路產業發展企業所得稅政策的通知》（財稅〔二〇一五〕六號）推出：繼積體電路設計和製造企業之後，積體電路封測、設備和材料企業也被列入支援對象，符合條件者可享受企業所得稅減免的優惠。二〇一六年，《關於印發國家規劃布局內重點軟體和集成電路設計領域的通知》（發改高技〔二〇一六〕一〇五六號）發布，將高性能處理器和FPGA晶片、記憶體晶片、物聯網和資訊安全晶片、EDA、IP及設計服務、工業晶片五大類積體電路產品規劃為國家重點布局的領域，對相應的設計企業加以重點支援。

同時，在中央政府的帶動下，多個地方政府積極投身積體電路產業的發展，根據本地產業基礎、產業環境及經濟能力，推出產業發展措施。二〇一八年四月，美國商務部以中興通訊違反二〇一七年與美國政府達成的出口管制調查案件和解協議為由，禁止任何美國公司和個人向中興通訊銷售零組件、商品、軟體和技術服務，期限七年直到二〇二五年。此次事件，再次警醒了中國大陸，自主發展核心晶片成為了社會共識：這是迎難而上、化危為機，防範和抵禦風險、應對和直面挑戰的根本之道。

第 4 部

一條沒有終點的賽道

未來的挑戰

長風破浪會有時，直掛雲帆濟滄海。

——李白

1 技術為基，人才為本

面對積體電路產業飛速發展的重大機遇和跨國企業的挑戰，面對終端需求的快速更替和技術創新的快速更新，面對經濟發展和產業升級的晶片需求，如何啟動產業的發展潛能，打造充滿活力的產業生態？

創新是發展的不竭動力，是晶片產業發展的最強音。加快積體電路產業的發展，關鍵在於掌握核心技術，掌握核心技術需要專業人才。因此，技術為基，人才為本，只有從根基上充實、根本上鞏固，晶片投資的回報才能有基本的保障，才能有資格在時間的「賽道」中與眾多對手一較高下。

工藝升級不能錯失時機，但也不能急功近利

無論是作為積體電路發源地的美國，還是後來的趕超者日本和韓國，抑或是在積體電路設備

和知識產權模組等領域有優勢的歐洲，立足於技術創新是其發展根本。與之相比，南亞科技等台灣不少企業，在二十世紀八〇年代末、九〇年代的「短平快」盈利模式下大多落敗，不少設計企業最後被台積電收購，而當時投資處理器晶片的企業大多改造成了晶圓代工廠。在二〇〇八年的金融危機中，台灣的半導體產業受到了極大衝擊，而日韓企業相對主動，與其此前產業鏈縱深的材料和設備領域的布局密不可分。

如果只是發展沒有掌握核心技術的積體電路產業，就勢必會被歷史的車輪撞得粉碎。無論是摩爾定律推動的升級路徑，還是積體電路設計和生產的複雜性，都使得晶片的研發週期長、市場視窗期短，因而產品開發風險加大，再加上晶片內核的開發利用還需同步考慮硬體主機板、作業系統、週邊電路、產品設計等綜合因素，紮實技術根基就成了重要課題。

實現夢想不易，但事在人為，以紮實技術根基，就有可能躋身國際競爭的領先行列。技術開發要以市場為導向，工藝升級既不能急功近利，也不能錯失時機。

在節點遷移中，從一個幾何尺寸升級到下一個更精細的幾何尺寸時，技術發展已成為系統性的工程難題。例如，高級節點的許多系統級晶片開發和設計支援，都需要與工藝學習並行完成。因此，工藝最終成熟或新工藝準備批量生產時，知識產權模組的更新往往也同時發生，這意謂著每次節點遷移都伴隨著研發成本的幾何級上升。對於技術根基的紮實來說，並不僅僅是技術上的難題，也是經濟學上的難題。對於中小企業而言，在沒有得到大量訂單保證的情況下，技術開發和升級更是面臨著成本難題。

除了成本難題外，隨著下游的增值服務供應商的需求變化加速，技術實力還面臨著「與時間賽跑」的挑戰。在摩爾定律的發展歷程中，每十八個月的升級意謂著速度的重要性，而對於快速演變的互聯網應用需求來說更是如此。可以預見的是，隨著物聯網、人工智慧、自動駕駛等新興技術的普及，使用者的個性化需求特徵更加明顯，市場更新的週期被進一步縮短。在這種情況下，誰能在更短的時間內完成高品質的研發，就將有機會成為勝出者。簡單地說，技術根基的紮實，除了技術累積本身外，還意謂著巨大的資金成本，以及更大的時間成本。

體系作戰，牢牢抓住人才

謀事在人，成事也在人。積體電路無論哪一個環節，都是技術密集型的，技術人才的儲備是企業核心競爭力的根本，識才的慧眼、用才的膽識、容才的雅量才能凝結成聚才的良方。積體電路發展史上價值定位、商業營運、戰略合作等非技術因素帶來的成敗經驗表明，經營管理團隊和核心技術團隊的融合，已遠遠超出技術本身。

積體電路的發展，往往需要上百人的團隊協同，需要每一團隊成員自發的責任感、沒沒無聞的精益求精精神才能提升良率。可以說，團隊文化是積體電路產業發展必不可少的基因。在這種

「體系作戰」的模式中，團隊文化的建設不僅需要適宜的激勵機制，更需要精準的戰略導向、理性的工程文化、協同的創新努力。

專業團隊能夠人盡其才、才盡其用，前提是海納百川的胸襟和專業規範的機制，使其能夠脫穎而出。理性與感性、戰略與戰術、現實與未來，這些看似「矛盾」的因素，需要有機地融於一體，才能真正調動管理團隊和核心技術人員的工作積極性和研發創造性，從而避免人員流失、經營運作不利、盈利水準下滑等因素造成的不利影響。

僅以開發週期為例，晶片產品市場銷售往往需要百萬顆級別的出貨量才能實現盈虧平衡。然而，晶片產品的下游電子產品市場變化速度很快，這也與積體電路設計研發的長週期形成了鮮明的對比。再加上生產和市場過程中的不確定性，產品設計尚未完成時企業已面臨倒閉的局面時常出現，而成功設計的產品無法滿足目標市場的需求則又是另一個極端。因而，在積體電路設計產業發展時，投入大量的資金進行研發設計和預作研究，已是一門藝術。這構成了產業典型的智力密集型特徵，而這些智力的集成需要有效的企業管理機制，使高素質的經營管理團隊與富有技術創新能力的研發團隊能夠有機融合。作為高科技產業，積體電路的發展只有牢牢抓住人才的根本，才有可能在競爭中成功。

作為公認的資本、技術、人才密集型產業，積體電路的發展需要產業鏈上下游緊密協同，在長期的市場驗證中磨練出成熟的產品。由於試錯成本極高，因而積體電路的人才培養往往需要在

「實戰」中昇華，進而形成一整套嚴格的流程，這也意謂著積體電路的投資回報週期較很多產業要長。只有經過持之以恆、久久為功的努力，才能成就在核心、高端、通用晶片領域向領先水準的趕超。

二〇一七年，中國大陸積體電路產業的從業人員約為三十萬左右。然而，二〇一七年發布的《中國集成電路產業人才白皮書（二〇一六～二〇一七）》顯示，中國大陸的晶片人才缺口高達四十萬。如何在精益求精的同時，走出一條良性循環的發展道路，正是這個產業所需「打磨」的匠心。這條週期長、環節多的道路，置身其中者只有沉下「心」才能腳踏實地走好。

在這方面，韓國的人才教育和招聘經驗或可供我們借鑒。韓國於一九九九年開始「智慧韓國二十一工程」建設，大規模鼓勵企業及大學間的專業合作。由此推動，韓國大學興起了半導體專業的建設熱潮，後來三星電子對成均館大學進行投資，並與其合作創辦了半導體工學系，為包括三星在內的韓國企業培養專業人才。

2 以市場為方向，以客戶為導向

對於積體電路產業而言，領悟產品研發、營運和銷售的理念並非易事。「以市場為方向，以客戶為導向」不僅需要豐富的經驗、前瞻的布局，也需要精細化的商業模式。這是規範化和系統化管理降低人為風險、提高效率，實現流程可追溯性、可預警性和可擴展性的基礎。在有效的行銷戰略中，準確把握市場方向、提前布局，意謂著需要敏銳的洞察力、決策力和執行力。

關鍵技術之外，Business Model 也很重要！

積體電路的快速更新特徵，使得晶片設計需要緊跟技術的高速發展、保持持續的核心競爭力和創新能力，這在摩爾定律的發展週期中已經得到了充分驗證。即便是對於「超越摩爾」來說，以嵌入式晶片為例，每一款新上市晶片的高利潤，也會面臨大量模仿帶來的同質化嚴重、供大於求和利潤率下降等難題。因此，持續創新、差異化競爭是商業模式的必然要求，而這又意謂著需要有強大的技術研發能力作為支撐。

在積體電路的商業發展模式中，通用化模式已為英特爾、輝達所代表的市場所證明。二十世紀七○年代，英特爾公司成功研發了通用型微處理器單元，將半導體產品市場從專用型推向了通用型。後來，著名的「Intel inside」（內有英特爾）商標更是證明了「通用」的重要性。就輝達來說，通用計算圖形處理器（GPGPU）的開發、所有支援CUDA（一種由輝達推出的通用並行架構）的GPU，使其在人工智慧的發展中取得了領先優勢。

事實已經證明，英特爾、ARM和三星等企業的成功歷程中，商業模式是與技術同等重要的因素。隨著技術越來越先進，積體電路的研發投入會越來越大，整合成為必然之勢，分工日益深入，各環節、各類型、各模式的排列組合層出不窮，新型商業模式由此不斷地衍生、演化。

對於下一個成功的積體電路企業來說，儘管其模式很難簡單地預測，但是商業模式和技術進步的有機融合必然是其基本特徵。面對物聯網、人工智慧、下一代移動通訊等潛力巨大的市場，累積了大規模的使用者、資金和數據的下游增值服務企業或將爭先恐後地湧入積體電路的上游開發，由此帶來多樣性、差異性的應用需求和服務方案。「客製晶片」的模式或將意謂著極致的性能追求、更短的開發週期、多維的市場訴求，引領產業重心從通用積體電路向專用積體電路的遷移。在遷移的過程中，系統、架構、工藝、模組和需求的各類組合，或可成就更多的細分商業模式。

儘管全球積體電路產業規模持續保持穩步增長的態勢，但是在細分領域技術進步導致舊技術產品逐漸淘汰的故事不斷上演。隨著積體電路的下游市場向智慧汽車、物聯網、雲端運算和人工智慧、智慧製造和智慧醫療等方向演進，晶片的可靠性已與性能一起成為開發者關注的問題。集成度、可靠性與耗能三個市場維度的競爭，交織成更為複雜的演化週期。由此，積體電路下游產品應用的新科技發展多元化特徵日益明顯，產品週期越來越短，積體電路發展本身特有的「矽週期」與終端市場的週期性波動相疊加，波動頻率較以往更為頻繁，晶片的目標功能實現難度將不斷增大。

較大的波動性，意謂著市場需求的及時、精準把握成為企業的重要課題。日本處理器晶片企業在和韓國處理器晶片企業的競爭中落敗的案例，生動地說明了及時把握市場需求的重要性。

「有一種把簡單的事情複雜化傾向」的日本企業，普遍極為強調品質細節，但是卻忽視市場需求變化，而三星則在應變上投入了巨大的精力。除了一九八三年三星在投資前做了長期的調研外，三星的業務部門往往有數百人的市場行銷團隊，而日本企業記憶體業務部門的專業市場行銷人員往往不超過十個。從這一角度來看，日本在與韓國企業的處理器晶片競爭中落敗，市場遲鈍或許也是因素之一。另外，日本在與美國鎂光科技的處理器晶片競爭中，二十世紀八〇年代中期，大型電腦向個人電腦轉型的過程中，鎂光公司率先作出反應，以壽命要求相對更低、價位更低的處理器晶片作為研發重點，日本的長壽命、高價位產品最終在競爭中落敗。

自我封閉，意謂著在未來競爭中出局

到了智慧手機時代，晶片的市場需求比以往變化更快。在物聯網時代，晶片可靠性的要求或將更高。通常，晶片的可靠性被歸結為晶片製造問題：晶片在最高性能下正常使用數年後性能開始下降，使用者需要升級到新版本的產品。

然而，對於汽車、機器學習、物聯網、虛擬實境和增強現實、智慧家居、智慧城市而言，由於晶片使用方式和條件帶來的老化、安全性等問題，不僅每個終端市場都有其獨特需求和特點，而且對於晶片的可靠性不僅要求能在正常工作條件下使用數年，而且晶片的使用條件也會隨著時代變遷而不斷演化。例如，傳統汽車的閒置時間大都多於使用時間，但是對於未來的自動駕駛汽車而言，閒置時間可能十分短暫，這意謂著晶片架構需要顛覆性的設計，晶片製造技術也要做相應的改進。

當前，積體電路產品的生命週期已不斷縮短，瞬息萬變的需求因素，或將比長期穩定供給因素更能影響企業生存和發展。敏銳的嗅覺、準確的把握、迅速的因應，已成為市場牽引的重要課題。

從某種程度上看，巨大而成熟的市場，已和晶片設計能力同樣成為發展必不可少的要素。以中國大陸這個全球最大的成熟晶片市場為代表，北斗系統、智慧汽車、物聯網、人工智慧、5G通訊等熱點或將迎來快速增長期，開放合作或已成為新興市場拓展的必經之路，而自我封閉則或將意謂著在未來競爭中出局。

僅以過去已經發生的移動終端市場為例，作為複雜指令集CISC代表架構的X86，在與精簡指令集RISC體系的ARM和MIPS競爭中已現疲態，而CISC體系則主要退居伺服器、個人電腦和網路設備用的處理器。基於移動系統級晶片的整合優勢，ARM架構授權合作企業已達上千家，一度在智慧手機、平板電腦晶片的開發中占據絕對主流。ARM架構的開源優勢，使得系統級晶片得以集成移動基頻、應用處理器與無線連接等功能，降低移動智慧終端機的開發週期和開發成本，實現高性能、低耗能、穩定性等優勢。ARM通過與無線通訊組織的合作，確保其MBED平台能夠將連接器、感測器、雲端服務軟體元件和開發工具整合，打造創新合作生態。MIPS允許晶片設計者對其架構進行自由理性的改進，其授權模式較ARM更加開放、靈活，但是薄弱的商業運作能力使其錯失了移動互聯網的發展機遇，智慧家居、智慧健康或是其為數不多的利基市場。與ARM和MIPS相比，英特爾相對不習慣移動處理器的「知識產權模組單獨授權、設計者自主整合」模式；同時，習慣了CISC體系特許經營高毛利的英特爾，在薄利潤的移動終端處理器上缺乏布局動力，使其移動終端處理器始終慢於酷睿處理器的開發。

由於ARM的授權費較高，加州大學柏克萊分校的電腦科學系開發了開放的指令集架構規範——RISC—V。自二〇一〇年以來，基於RISC—V的架構與ARM、MIPS等商業處理的架構一樣逐步成為流行的精簡指令集，全球範圍內的合作計畫已橫跨多所大學和工業領域。

RISC—V 架構的一致性由非營利的 RISC—V 基金會保證，由此決定了 RISC—V 的指令集架構是個架構規範，但不是具體的處理器設計。後來的開發者基於同一語言設計不同的處理器，應用範圍涵蓋從運行 Linux 的處理器至物聯網處理器，由此保障了設計者的自由選擇：正如同基於 Linux 的系統開發替代了商業作業系統，基於 RISC—V 規範的處理器設計已受到諸多企業的青睞。

事實上，晶片設備製造商都已經看清了這種趨勢。美國應用材料公司全球總裁加里・迪克森（Gary Dickerson）認為，新技術和新材料的融合將帶來新動力，「新的計算架構也是推動電腦性能提升的重要領域。對特殊晶片的需求為半導體產業提供了空前的機遇。」

「中國大陸在物聯網戰略上的布局，以及流影片、4K和8K高畫質電視等新技術，人工智慧和認知計算都為晶片發展提出更高的要求，也為晶片產業的發展提供了空前的機遇。」「計算能力的本質正在發生變化。電腦和其他設備會不斷變得更強大，但是不僅僅是依靠速度，而是以更加多元的方式表現。」「將技術與人才以全新的方式融合。在矽谷，我看到了通過和不同國家及地區的不同產業合作，從而產生神奇的新產品。我相信這種融合目前仍然處於較早的階段，未來的想像空間會更大。」

儘管市場巨大，「市場換技術」看上去簡單，見效快，但是最致命的是由此喪失了技術創新的意識和動力，忽略了可持續創新的團隊建設，失去了引領未來的能力。因而，把握市場需求、建構商業模式，立足點還是自主創晶片。

3 培養良好的氣候和土壤

如果說晶片企業是顆種子，那麼種子生根和發芽需要適宜的氣候、充足的陽光、肥沃的土壤。一個國家或地區，如果能夠精心培育出「風調雨順」的生態，那麼晶片企業必將如雨後春筍般出現。

從美國《確保美國半導體領導地位》報告談起……

美國總統科技顧問委員會的《確保美國半導體領導地位》報告指出，全球半導體市場從來不是一個完全競爭的市場。半導體產業並不僅僅是「無形的手」所能支撐的。積體電路產業的資金密集、技術密集、關聯性強等特點，使得積體電路企業的趕超之路離不開國家或地區的政府支援。在區域的內部支援政策中，日本超大型積體電路計畫等政策支持，成就了日本積體電路的發展。

二十世紀八〇年代和九〇年代，美國政府組織實施了三個關於半導體產業的計畫，使美國得以在與日本的競爭中保持霸主地位。韓國能在起步晚、底子薄的情況下成長為世界積體電路產業的重要競爭力，離不開密集的技術援助、政府的強力保護以及企業的持之以恆。三星等韓國企業的發展，離不開韓國政府的長期支援，其「逆週期投資」策略能夠成功，很大程度上與韓國政府直接干預下的銀團貸款密不可分。即便是新加坡的積體電路發展，也與新加坡政府先後數十億美元的投資分不開。

自二〇一四年《國家集成電路產業發展推進綱要》發布以來，中國大陸積體電路的設計、製造、封測等細分領域都在快速增長，晶圓廠如雨後春筍般出現。在國家集成電路產業基金的帶動下，各地方政府積極回應，推動各地晶圓廠及其上下游晶片企業不斷發展。在區域積體電路的對外貿易發展史上，利用貿易保護手段，為本國（地區）的積體電路發展創造「特殊」環境，是日本和美國都曾使用的。二十世紀五〇年代，日本經濟產業省設立工業技術院推動產業技術整體發展的同時，還頒布了《電子工業振興臨時措置法》（簡稱「電振法」）。當時，「電振法」限制外資進入日本以保護本國市場，引導日本企業進軍電子資訊產業。

一九八五年，美國半導體產業協會向美國通商代表部提起訴訟，指出「日本半導體產業在日本國內封閉的市場結構下進行非正常的設備投資，並以過低的價格出口，破壞了美國半導體產業的秩序」，要求提高美國產品在日本半導體市場的份額，為防止低價傾銷採取措施等。一九八六年，美國和日本簽署了以限制日本半導體對美出口、擴大美國半導體在日本市場的份額為目的的第一份半導體協定，設定了日本生產半導體的六個品項對美國以及第三國的出口價格。一九八七年，日本首先宣布對外國半導體生產商實施半導體貿易協定，而美國政府則於當年三月宣布了對含日本晶片的日本產品徵收反傾銷稅等報復措施。最終，日本承諾通過減少動態隨機處理器晶片產量來提高晶片價格。而這給了韓國企業發展機遇。

二十世紀九〇年代，美國半導體產業的再次發展，也是得益於美國政府不遺餘力地利用外交、貿易、法律等手段為本國的積體電路產業創造有利環境。一九九一年六月，美國和日本政府簽訂了五年期的新半導體協定，美國希望一九九二年底前外國半導體產品在日本市場占有的份額能超過二十%作為「約定」，但是日本則表示只以二十%作為努力「方向」。一九九三年，美國政府發布了「國家出口戰略」，半導體、電腦、通訊等六大產業被列為國家重點出口產業。「國家出口戰略」提出了減除政府對技術領先產業出口的管制，提供貿易融資、貿易諮詢服務等措施，以擴大美國企業的產品出口、強化美國企業的國際競爭力。

從整體格局和歷史的大趨勢看，良好的政策環境應當是能夠有效引導生態系統的快速發展。在政策激勵下，眾多廠商不僅僅在資金上受益，更重要的是基於協同研發、開放式技術平台的合作模式，降低半導體產品的開發門檻，而廠商的積極參與又進而推動生態系統的成熟，形成良性的正回饋循環。配合迅速、環境成熟的生態，才是政策引導的根本目的。

政策、市場、技術、人才等多重因素的疊加，意謂著積體電路產業，需要遠見和卓識，在產業的升級變遷過程中要找到戰略發展的歷史方位。產業遠見，來自於對技術背後的基本規律、產品背後生命週期的把握。摩爾對集成度的準確預見、林本堅對微影技術發展方向的認知，看似並不複雜，但就是這種「大道至簡」的認識驅動了積體電路的發展。

遠見和卓識看似簡單，但是要將其變成現實卻並非易事，其中既需要決策者的戰略決心和定力，也需要創新者的靈感和持之以恆。英特爾諾伊斯對於霍夫在微處理器發明之路上的堅決支持、輝達黃仁勳對柯克開發ＣＵＤＡ平台的全力協助，都證明了決策者的眼光是何等的重要。與之相對應，霍夫和柯克的研發傳奇則告訴我們，靈感和持之以恆對於技術的突破和轉化是多麼的重要。回歸到技術層面思考出路，應該避免薪資、獎金、職位等短期誘惑，長期堅持在技術方面下功夫，才能獲得突破和成功。

產業路線圖，一項非常有趣的實驗

從矽谷早期創新企業的成長奇蹟，到二十一世紀積體電路企業大規模的併購和重組背後，有產業發展的自身邏輯，以此為起點的戰略規劃和創新轉型，則是左右企業生存和發展的演變軌跡的根本。

無論是元素級、產品級還是體系級的發展，都越來越離不開「開源」和協同。在體系級的開發中，「Wintel」體系（英特爾與微軟的協同）、「ARM＋IOS」（ARM與蘋果的協同）和「ARM＋Android」（ARM與Google的協同）在以往的發展歷史中已經成為經典的成功案例。英特爾和微軟在「Wintel」內的合作往往是從研發階段就相互介入，而後來英特爾又為Google瀏覽器成立了專門的性能優化團隊。在未來的開發中，與積體電路晶片發展相匹配的作業系統，或將越來越多地採用Linux等開源協定，由此帶來積體電路的架構設計也將越來越強調開放性，而物聯網產品的相容性則成為必經之路。

以智慧家居為例，產業高度的集成性、廣泛的滲透性，都意謂著家電企業、家具企業、房地產企業、互聯網企業、軟體開發商或將對於晶片產品有著不同的訴求。解決參差不齊、各自為戰的問題，除了家居產業標準外，還需要底層架構的互聯互通。其中，晶片設計上的設計標準，又是技術路線和使用標準的基礎，其「通用化」是滿足多樣化需求的根本。唯有如此，才能使各行各業的參與者實現資訊互聯、系統相容和場景共享，促進中國大陸智慧家居領域的戰略競爭力提升。

這種戰略協同的重要性，也可以從原國際半導體技術發展路線圖（二〇一八年開始更名為「國際設備與系統路線圖」）的制定中看出。德州大學的電腦經濟學家肯尼士·弗蘭姆（Kenneth Flamm）在分析中說道：「假設製造下一代晶片需要對四十種設備進行升級的話，即使只有一個設備掉隊，整個研發生產週期也要被順延……『路線圖』是一項非常有趣的實驗。據我所知，還沒有哪個產業像晶片業這樣把各家製造商和供應商聚到一起，一同規劃產業未來的發展路線。」

4 沒有終點的賽道上，超越摩爾定律

時間是最客觀的見證者，六十年的發展見證了晶片產業永遠沒有賽道的終點。在這沒有終點的賽道上，在各產業應用中處於基礎地位的積體電路如何發展，又是所有下游企業、下游應用場景的關注者所必須思考的問題。在智慧製造、物聯網和雲端運算、智慧城市等發展中把握晶片的定位，明晰細分市場，才能劈波斬浪、行穩致遠。積體電路的升級換代，意謂著時不我待的緊迫感永不過時。

新性能、新功能、新賣點

工藝和材料技術的創新突破，使摩爾定律得以延續。然而，隨著晶片設計尺寸的縮小，未來發展已很難重現二十世紀的發展路徑。業內普遍認為，五奈米或是矽基CMOS技術的極限，此後的開發必須打破鰭型電晶體的結構和材料限制，從材料、工藝等方面創新研發延續摩爾定律的

「深度摩爾」（More Moore）或已很難。

在此過程中，除了運用新材料、以等比例縮小ＣＭＯＳ器件的工藝（尤其是極紫外光刻等工藝）特徵尺寸外，還需要設計新結構改善電路性能——例如隧穿場效應電晶體（Tunneling FET，TFET）、量子元胞自動機（Quantum Cellular Automata，QCA）、單電子電晶體（Single Electron Transistor，SET）、自旋電晶體（Spin FET）、石墨烯電晶體（Graphene FET）、碳奈米管電晶體（Carbon Nanotube FET）、奈米線電晶體（Nanowire FET）等。這意謂著器件結構、溝道材料、連接導線、高介質金屬柵、架構系統、製造工藝等集成將更趨複雜。有測算表明，五奈米節點的設計成本將會是十四／十六奈米節點設計成本的三倍左右，這意謂著需要挑戰新的極限。

接下來電子製造產業將何去何從？更多人將視線從「深度摩爾」（More Moore）轉向了「超越摩爾」（More than Moore）。「超越摩爾」是從晶片封裝和測試的視角，實現封測領域的先進工藝優化。對於封裝和測試廠商來說，隨著輸入／輸出（Ｉ／Ｏ）口的增多和晶片尺寸的縮小，也將面臨載板的精細線路製造技術提升的問題。把積體電路封裝融入積體電路製造後，ＰＣＢ直接代替積體電路載板，需要更新的封裝工藝，這也意謂著扇出型晶圓級封裝（Fan-Out WLP）的技術含量也將更高。

從應用上看，「超越摩爾」實現了根據應用場景來實現晶片功能的多樣化，通過優化演算法和電路設計，使得多個功能模組在同一晶片上的封裝、更多新功能的集成均能實現，而此時晶圓基底封裝、三維封裝、集成扇出型封裝、感測器和電源集成等技術已成為新方向。

「超越摩爾」意謂著系統級晶片的性能提升，不再僅僅依靠尺寸減小和集成數量的增加，轉而更多地靠電路設計、系統演算法優化。同時，射頻、類比以及混合訊號模組的集成，意謂著諸多模式並不一定需要放在同一矽片上，還可以通過封裝技術來實現集成：不同模組可以用封裝技術集成在同一封裝體系中，模組間利用高速介面實現通訊，即實現異質集成（heterogeneous integration）。

在物聯網的發展背景下，積體電路與其他產業的應用融合日漸增強，而人們對於計算和存取外的傳感等功能要求越來越高。因而，「超越摩爾」也意謂著新性能、新功能或將成為晶片的新賣點。

從性能上看，器件優化的重心已從性能轉向耗能，這是「超越摩爾」發展的時代背景，對應這一背景的封裝工藝則被業內稱為系統級封裝（System in a Package，SiP）工藝。「國際半導體技術發展路線圖」將系統級封裝定義為：從封裝的角度出發，對不同晶片進行並排或疊加的封裝方式，將多個具有不同功能的有源電子元件與可選無源器件，如將MEMS或者光學器件等其他器件優先組裝到一起，實現一定功能的單個標準封裝件，形成一個系統或者子系統。

在系統級的封裝工藝中，系統級晶片可以由混合模組組成，類比射頻模組或可採用六十五奈米節點，而數位模組則由更先進的工藝來實現。智慧手機的發展中，射頻前端模組、WiFi模組、藍牙模組等均已實現了異質集成，以智慧汽車為代表的新一代終端發展過程中，這些異質集成或將越來越常見。

與系統級晶片不同的是，系統級封裝從封裝視角出發，是對不同晶片進行並排或疊加的封裝方式，將多個具有不同功能的有源電子元件與可選無源器件封裝成具有一定功能的單個標準件。如果從這個角度看，系統級封裝的開發成本較低、開發週期較短、產品良率更高，但是測試也更複雜，集成後的元件密度和運行速度都相較於系統級晶片低。

與傳統的封裝工藝相比，由於不同類型器件、無源器件、電路晶片、功能模組封裝可以通過堆疊等方式實現，系統級封裝效率高、耗能低、成本低、體積小、開發快、品質輕、電性能高、穩定性好。

從投資或商業模式的角度看，麥肯錫所指出摩爾定律時代下封裝產業「重人力成本、輕資本與技術」特點，在「超越摩爾」時代已不適用。技術驅動或將成為「超越摩爾」時代封裝的重要動力，先進封裝則將成為物聯網等競爭中的重要技術。例如，從傳統的ＢＧＡ／ＣＳＰ封裝、ＷＬＰ封裝到系統級封裝，常規的酸蝕流程加工等工藝已經無法滿足晶片載板的精細線路加工要求，新技術則同樣要求更高水準的能力支撐。

尺寸縮小走到盡頭，我也不會覺得意外

隨著進程的推進，關於摩爾定律的討論又成為了熱點。在二〇一六年五月於比利時布魯塞爾舉辦的歐洲微電子研究中心全球科技論壇上，業內再次將摩爾定律訂為重要主題。提出摩爾定律的摩爾指出，「繼續向下推進新的工藝節點正變得越來越困難，我不知道它（摩爾定律）還能持續多久。」「如果在未來十年中，尺寸縮小走到了盡頭，我也不會覺得意外。」

荷蘭ASM公司首席技術長兼研發主管伊沃．拉傑斯（Ivo J. Raaijmakers）認為：「呈指數級增長一直是半導體產業的特徵，它還將繼續下去。但是增長率和前往下一個技術節點的節奏可能放緩，逐漸向全球GDP增長率看齊。」「由於需求所致，產業界必將會找到一個方法來繼續縮小尺寸，但是它將會有所不同，不再完全依照過去傳統的摩爾定律和登納德縮放定律（Dennard Scaling）。」

登納德縮放定律源於羅伯特．登納德（Robert Dennard）在一九七四年發表的論文〈*Design of ion-implanted MOSFETS with very small physical dimensions*〉。在該文中，登納德指出，電晶體面積縮小後，其所消耗的電壓和電流會以差不多相同的比例縮小。例如，電晶體的尺寸減半後，電晶體的靜態耗能將會降至四分之一（電壓和電流同時減半）。由此，相同面積的電路中集成更多電晶體後，設計者可以大大地提高晶片的時鐘頻率（即同步電路中時鐘的基礎頻率），提高頻率所

帶來的更多的動態耗能會和減小的靜態耗能相抵消。

直到二〇〇五年，電晶體的尺寸減小後，量子隧穿效應已經使得電晶體漏電現象開始出現，登納德縮放定律不再適用，晶片散熱成了急需解決的問題。這也可以解釋，為什麼以高頻、長流水線設計為主要理念的英特爾 NetBurst 微架構不盡如人意。基於 NetBurst 微架構的處理器在二〇〇七年不再生產，並且停止研發更新。自此，晶片研發者們紛紛停止高頻晶片的研發，轉向低頻多核的架構——從二〇〇一年開始的第一個雙核晶片，到後來的多核晶片乃至六十四核晶片，就是發展的規律所在。然而，從單核向多核的發展，並沒有解決電晶體漏電、晶片發熱越來越嚴重的根本問題。

針對這一問題，國際電腦結構大會（International Symposium on Computer Architecture, ISCA）首次提出了「暗矽問題」（dark silicon problem）的概念：隨著尺寸減小，所有電晶體的功率密度增長將越來越快，如果它們都同時全速運行，根本沒法對其進行散熱。為了滿足耗能設計要求，通常情況下晶片中只有部分電晶體在工作，而其餘部分電晶體處於休眠狀態。

面對這一問題，ARM率先在業務提出了異構系統架構——在晶片裡同時放入高頻的大核與低頻的小核，核的利用根據所運行的作業系統決定，盡量減小耗能。這一構想在羅爾夫・蘭道爾（Rolf Landauer）一九六一年的一篇論文中便已提及，用於計算的模型被稱為可逆計算。由此，可逆計算自二〇一二年以來成為一時的研究熱點，設計師根據計算效率要求決定電晶體的利用率、把性能與耗能不同的核集成於異質多核的晶片中成為主流。

除異質多核的設計外，三維堆疊技術可以把集成電晶體數量多、複雜度極高的晶片分成若干小晶片再堆疊起來，降低了複雜度，提升了產品合格率，或將帶來理想的效果。如果這一構想實現，鰭型電晶體技術將過渡到水準奈米線（Lateral Nano wire）和垂直奈米線（Vertical Nano wire），以三維方式建構，而原先的矽片平面蝕刻技術轉變成多層蝕刻技術。然而，三維堆疊技術仍然有不少的技術難題需要攻克，而且成本過高也是擺在其商業化應用面前的一道坎。

即使摩爾定律結束，我們還有學習曲線

回到二〇一六年五月在比利時布魯塞爾舉辦的歐洲微電子研究中心全球科技論壇，拉傑斯的發言或許對上述歷程已經做了總結——需要在「材料、工藝、架構」三個維度進行創新：「垂直一體化和晶圓代工廠主要通過改變流水線架構進行結構性創新，設備和材料供應商主要進行材料和工藝創新。」除了前文已介紹的架構設計外，材料上的經驗是，從鋁材料到銅材料再到鈷材料，保證了技術節點向前推進的可能性：十奈米以下工藝中鈷與銅相比具有更低的電阻率。

在製造流程中，極紫外光刻機的使用自然成為焦點。但是，除此之外，ＥＤＡ領導者之一明導（Mentor Graphics）總裁兼執行長沃爾登·萊茵斯（Walden C. Rhines）指出，「即使摩爾定律

命中注定會結束，但還有學習曲線（learning curve）的存在。」

學習曲線又稱波士頓經驗曲線、改善曲線，由波士頓諮詢公司（Boston Consulting Group，簡稱BCG）的布魯斯・亨德森（Bruce D. Henderson）於一九六〇年首先提出。簡單地說，如果一項生產任務被多次反覆執行，它的生產成本將會隨之降低。學習曲線效應的原因來自多方面，其中最為基本的就是工作者在心智上變得更為自信，用更少的時間去猶豫、學習、實驗或者犯錯，他們可以更有效地學會如何使用工具和資源。對於積體電路未來的重要應用場景——物聯網和人工智慧而言，不同的感測器、低耗能處理器和高度集成的晶片設計和製造中，或將都會因為學習曲線而受益。由此，工業、健康、交通等領域應用的晶片級感測器、能量採集、超低耗能技術、工藝、封裝等都將迎來更為成熟的開發模式。

展望即將到來的物聯網、車聯網、汽車電子、無人駕駛、新能源、人工智慧等產業的發展，系統級晶片和系統級封裝技術或將需要同步發展，「超越摩爾」、學習曲線等路徑為積體電路產業注入新的活力。感知層、網路層、平台層、應用層的晶片需求，為智慧城市、智慧汽車、智慧家居、智慧醫療、智慧個人、智慧工廠、智慧製造等的傳感、通訊、存取、計算等提供關鍵支撐。感知、連接、計算、存取、安全、電源管理等功能意謂著極致性能的追求，與低耗能、低成本、高可靠性、高集成度的要求已然同步，而ARM、英特爾、英飛淩、高通、聯發科、飛思卡爾、德州儀器、意法半導體等的布局也都著眼於這一方向。

5 下一輪的成長，你準備好了嗎？

清醒的判斷，往往源自強烈的危機意識，二〇一八年美國挑起的中興事件讓中國大陸進一步深刻認識到自主創新的重要意義。中國大陸製造的發展依賴創新驅動，創新驅動的根本在於增強自主創新能力，對於積體電路產業發展來說更是如此。二〇一七年，中國大陸的積體電路年進口額已達二六〇一・四三億美元，比前一年增長十四・六%，金額遠超過原油的一六二三・二八億美元。

在物聯網、下一代移動通訊、超大規模數據中心、智慧汽車、人工智慧發展的大背景下，晶片動力迎來了新機遇。隨著應用終端的不斷更新和轉變，車用晶片、醫用晶片等產業應用細分需求將迎來新一輪的快速增長。在新一輪的競爭中，中國大陸無疑是最大的市場，再加上北斗系統等國家戰略支援，未來可期。

我們即將走到晶片工藝極限

不謀全局者，不足謀一域。積體電路的發展需要國家戰略協同。在聚合、疊加、倍增效應作用下，積體電路的發展日新月異，應用變動弗居。對於大多數應用領域來說，轉型升級是發展的唯一出路，而積體電路的開發則是轉型升級的強大動力。新市場的發展、新技術的開發，需要最大限度凝聚信心、智慧和力量，而這首先又源自對於技術和市場融合態勢的準確認知。

二〇一八年，台積電在矽谷的年度技術研討會上宣布其七奈米節點進入量產，採用極紫外光刻的製造將於二〇一九年初量產，並就新封裝技術進行了說明。根據台積電在研討會上的發布，二〇一八年上半年就投片了五十多個設計案，包括CPU、GPU、人工智慧加速器晶片、加密貨幣採礦專用積體電路晶片、網路晶片、遊戲晶片、5G晶片以及車用積體電路。與十六奈米的工藝相較，七奈米節點能提升三十五%的速度或節省耗能六十五%，閘極密度提升三倍。將採用極紫外光刻微影的N7+節點，能將閘極密度進一步提升二十%、耗能再降十%。

「即使是在整個產業不斷努力研發突破的前提下，我們也還是會在二十一世紀二〇年代初期達到二至三奈米的晶片工藝極限。」這是原國際半導體技術發展路線圖組織主席保羅·加爾吉尼（Paolo Gargini）的判斷。

然而，在逼近摩爾定律的極限時，各種新興的概念已經產生，這些新概念或構想大體上有三類：第一類是材料和光源、波段等要素的改進，例如利用鍺替代矽，或者利用奈米線、碳奈米管以及石墨烯等碳基材料來替代矽基。第二類是結構上的改進，其中以從二維向三維結構的演進為代表，同時「奈米級真空通道電晶體」的概念也已提出。第三類是工藝上的優化，其中隨著封裝技術的演進，集成系統級晶片（實現兩顆裸晶間的十奈米以下互聯）的概念也已推出，系統級晶片和系統級封裝或將有融合的空間。

從要素的角度看，除了材料本身（例如將晶片中的銅替換成鈷）和光刻機所使用的雷射光源等變化外，人們也開始進一步關注集成矽光子。以往，專業晶圓廠通常基於磷化銦製造光子器件，採用三吋或最多四吋晶圓，其工藝也與矽基器件有所不同。光子的波長比電子的大，因而電子產品向七奈米節點進軍時，標準矽光子器件處在一百三十奈米或一百八十奈米節點。光學器件對相位比較敏感，側壁粗糙度和損耗也很重要，因而決定光學器件的核心是光刻和蝕刻的品質。此外，CMOS工藝能否適用、純鍺的生長（鍺作為探測器）、集成方法的優化、利用等離子體啟動的直接連接的集體晶片轉移工藝，以及光子設計等，都需要進一步的優化。

從電晶體的結構設計來看，早期電子設備的發展源於真空管，後來為電晶體所取代。當電晶體尺寸逼近物理極限時，人們再次將目光投向了真空管——將真空管和電晶體「合二為一」成為奈米級真空通道電晶體。真空通道電晶體或將比普通矽電晶體快十倍，且更耐高溫和輻射，成為耐輻射深空通訊、高頻器件和太赫茲電子等應用中理想的電晶體。在真空通道電晶體中，電子穿過填充有惰性氣體的「準真空」間隙行進，以非常高的速度移動，或可快速進行操作，遠超過任何固態設備的範圍。在美國國家航空暨太空總署（NASA）的艾姆斯研究中心，真空通道電晶體的開發已成為其著眼點。

未來，介於無線電波和光波之間的太赫茲波段（波長範圍為〇・〇三至三毫米，電磁頻譜上頻率為〇・一至十THz），因其穿透性強、使用安全性高、定向性好、頻寬高等特點，或可廣泛應用於國防、通訊、醫療等領域。然而，要應用較毫米波的波長更短、頻率和解析度更高的太赫茲技術，面臨著晶片製造難題：其頻率或是當前矽電晶體能夠達到的最高頻率的數倍至十倍，而真空通道電晶體的開發或可解決這些難題。從晶片架構的設計來看，隨著人工智慧加速發展，業界又開始重新審視以往開發的記憶體式運算架構。

記憶體式運算或比影像處理器（GPU）有更高的運算速度，由此實現存取處理器（processor in memory，PIM）的開發。人工智慧的熱潮，隨著相變記憶體、電阻式記憶體和自旋磁記憶體等新興記憶體開發，或將帶來全新的資料存取方式。此外，以三維的方式進行建構架構，即把之前在矽片表面進行的平面刻蝕技術轉變成多層刻蝕技術，再把這些刻蝕出的薄層矽進行堆疊，也已成為熱點。半導體研究公司物理學家湯瑪斯・泰斯（Thomas Theis）指出，「一旦人們從技術上的思維慣性中走出來，就會發現其實還有巨大的研究空間有待發掘。」

從工藝優化的角度來看，原子層沉積和原子層刻蝕等技術的綜合運用，或將帶來新的解決方案，實現原子尺寸上的無差別掌控。目前，原子層沉積工藝已被廣泛應用，反應物泵入腔室鋪滿表面後，清除化學物質並重複泵入，由此矽分子均勻而緻密地吸附在金屬物表面，並在有氧環境中生成二氧化矽，最終非常均勻地在所有圖形表面緻密地澱積二氧化矽薄膜。在原子層刻蝕工藝中，矽表面均勻吸附氯元素後，接觸等離子體以啟動氯，從而在原子尺寸尺度下有序刻蝕。在該工藝中，離子能量需要精準控制，以免能量太大濺射掉矽原子，或是能量太小無法有效傳遞。

更新加速，單車道變成多車道

物聯網、雲端運算、智慧製造、人工智慧等已經掀開積體電路應用發展的新篇章。在新市場中，晶片與終端軟硬體的融合將進一步加深。終端硬體的標準化、通用化、模組化，與晶片設計的高性能、低耗能、高可靠性要求，意謂著技術重點也將有所變化。例如，對於物聯網等新市場來說，封裝技術也將更為重要，以台積電生產的智慧手機晶片的晶圓級扇出型封裝、晶圓上晶圓（wafer-on-wafer，WoW）（利用該技術可以直接以打線的方式堆疊三顆裸晶）等為代表，新科技或將在「超越摩爾」的進程中發揮更大作用。

新的市場需要新的技術，新的技術成就新的商業模式。在傳統模式中，積體電路企業的發展重點傾向於規模效應的實現，因而通用化是其重心。然而，在新的市場競爭中，下游增值服務的高昂利潤或是各企業競爭的重點，由此晶片產品性能和市場競爭的維度都已有了變化：從產品性能來看，除了集成度提升帶來的性能升級外，晶片的可靠性和耗能性能也已成為同樣重要的參數，追逐增值服務的應用集成服務商或將在這些性能的集成上追求極致；從市場競爭來看，應用場景的服務體驗中，除了對產品本身的極致追求外，「時間就是金錢」的追求必須要求晶片開發全面加速。

新技術和新市場孕育著新業態。下游產業的技術升級，離不開積體電路，因而不少產業轉方式、調結構的核心任務和提質增效升級，專用積體電路的發展都是重要的主攻方向和突破口之一。這個方向與其他方向一樣，只有堅持走自主創新道路，才能破解被跨國企業「卡脖子」的瓶頸。在這條路上，技術創新、模式創新和管理創新或將有更為深度的融合。

積體電路的新市場和新模式，也帶來了新的競爭。隨著移動通訊、物聯網和智慧時代的到來，晶片的「賽道」從原來「單車道」擴展至「多車道」，而其他各個產業中越來越多的「賽車手」也擠入了積體電路的新賽道。其中，互聯網企業的晶片開發投入較為典型。

目前，Google、阿里巴巴、微軟等互聯網企業，以及蘋果、華為和小米等移動終端企業已經紛紛加入。其中，Google以資料中心部署的自主設計深度學習加速晶片TPU為切入點，已在影像處理、深度學習推理和訓練等領域的晶片布局中領先。阿里巴巴在研發人工智慧加速晶片Ali—NPU的同時，已經收購了大規模量產自主嵌入式CPU知識產權模組的物聯網晶片企業中天微，投資了專注人工智慧晶片的寒武紀、軟體定義網路晶片企業Barefoot Networks公司、專注安防的晶片及應用開發企業深鑒科技、主打羽量級的神經網路處理單元晶片企業耐能（Kneron）、智慧終端晶片企業翱捷科技等，並在達摩院組建了晶片技術團隊進行人工智慧晶片的自主研發。微軟以其自主設計的ToF感測器晶片（用於Xbox Kinect2）、HPU協助處理器晶片（用於HoloLens）、MCU晶片（用於Azure Sphere物聯網平台，與聯發科合作開發），已布局未來。

這些企業的入局，標誌著晶片產業進入了異構計算的發展時代。在此之前，在增加出貨量、設計複用性的導向下，通用平台式晶片是積體電路產業巨頭的主攻方向，沿著摩爾定律的路徑優化工藝、提升晶片性能是最為核心的策略。不過，從移動終端的快速發展開始，根據應用做專用設計、依靠架構改進來提升性能的「異構計算」成為重要的方向，尤其是隨著物聯網、可穿戴裝置、虛擬實境和增強現實等的發展，應用場景生態系統的建構需要多樣性的產品，以滿足差異化的使用者需求，由此來實現服務增值。

多樣性的產品需求，也許會加速產品更新。更為差異化的需求，除了對性能的極致要求外，也意謂著需要有理智的上市時間。由此，繼製造外包後，設計外包的業態也將發生變化：晶片廠商完成架構設計，可以交給有豐富物理版圖設計經驗的設計服務企業去完成。在這一體系中，後者的競爭力就是細節上的經驗累積，而雙方的共同目標就是盡量縮短完成晶片設計的週期。

由此，未來專用積體電路的創新大門已經打開，垂直融合的模式將聚集更多的目光：下游的增值服務商依託大量的使用者、廣闊的市場和高額的資金，在上游尋找優質、高效的差異化的戰略合作夥伴。垂直融合模式，與垂直分工模式有所區別：垂直分工模式依靠「微笑曲線」中間加工環節的規模效應，推動了產業鏈的分工；垂直融合模式則主要發生在「微笑曲線」的兩端，利用下游的高利潤率來彌補上游研發成本，帶動產品化的加速。

無論是英特爾的垂直一體化、ＩＢＭ的橫向整合，還是台積電的垂直分工、ＡＲＭ的授權模組，本質上都是通用化與專用化、規模經濟與時間成本相平衡的結果，而適應發展的最終評價標準終究還是整個產品線的開發效益，由此構成了可不斷升級的生態系統。

新一輪的應用革命蓄勢待發，下游產業的新業態正在孕育，但是中國大陸積體電路關鍵領域、核心技術受制於人的格局還沒有從根本上改變，創新能力尤其是原創能力還需大力加強。在全球的產業生態系統中，中國大陸十四億人口的龐大市場已經構成了巨大的消費能級，北斗系統等戰略建設為智慧汽車等下游應用提供了支援條件，這意謂著垂直融合、開源合作等新商業模式將有更大的發揮空間，進而帶動全球新模式的發展。與模式發展本身同樣重要，或者更為重要的是，看清方向後要有「板凳要坐十年冷」的持之以恆，才能紮實晶片產業發展的根基。

6 歷史與未來交會點上的十四個領域

浩渺行無極，揚帆但信風。

得益於摩爾定律的推動，從大型電腦，到小型電腦，到桌上型電腦和筆記型電腦，再到智慧手機，以及未來的物聯網器件，終端產品越來越小，產品性能越來越高，使用者體驗越來越方便，功能使用越來越簡單，產品價格越來越便宜。積體電路各環節的發展都與科技創新息息相關，只有發動自主創新的引擎，才能有自信、有力量、有未來地立足於全球競爭。只有補上我們的不足，啟動我們的潛能，才能照亮我們的道路，點燃我們的希望。初心不改、矢志不渝，便有了中國大陸晶片發展的堅實基礎，也就有了風雨無阻、一往無前的發展動力。

把握下一輪的晶片機遇，成為全球各界的共識。美國的半導體工業聯盟和半導體研究聯盟在其聯合發布的《半導體研究機遇：產業願景與指南》報告中，將人工智慧、物聯網和超級計算等列為未來積體電路和應用創新的關鍵，並且指出以下十四個領域為下一輪發展的關鍵：

(1)先進的材料、器件和封裝
(2)互聯的技術和架構
(3)智慧記憶體與存取
(4)電源功率管理
(5)感測和通訊系統
(6)分散式運算和網路
(7)認知計算
(8)仿生計算和存取
(9)先進的架構及演算法
(10)安全與隱私
(11)設計工具、方法和測試
(12)下一代製造模式
(13)環保、安全的材料和工藝
(14)創新的檢測方法

站在歷史與未來的交會點，積體電路與其他應用的匯聚，孕育著新一輪的科技革命潛力。隨著新器件的湧現，更高效的演算法和系統結構需要得到相應開發：量子電腦或可高效率地使用量子退火演算法來解決機器學習中的最優化問題；憶阻器（memristor，也稱記憶電阻）如能在記憶體中應用對數據進行操作，取代馮·諾依曼架構的新計算結構或也將湧現。面對晶片機遇，矢志於鑄造中國大陸晶片的從業者不能有任何遲疑、任何懈怠，必須把發展的主動權握在手裡。

歷史是過去的現實，現實是未來的歷史。這是一個新的起點，也是一場新的奮鬥，一次新的進軍。無論是歷史的經驗，還是各國（地區）的政策規劃，或者未來的技術挑戰，都表明了積體電路發展源頭的協同創新的重要性。

這並不僅僅是技術本身的問題。過去的發展經驗表明，積體電路的發展是集自然科學、高科技、工程學、經濟學、社會學和管理學等多學科於一體的推動結果。積體電路的垂直分工與整合，也就是產業的組織管理，是六十載產業發展的必要路徑。組織管理與技術管理的協同，其成果標誌是新一代的生產工藝；組織管理與市場管理的協同，其成果標誌是合理的訂單生產；組織管理、技術管理和市場管理的協同，其成果標誌則是積體電路產業鏈的協同發展。無論是對於領先者還是後來者而言，這都是把握晶片機遇的必經之路。

機遇千載難逢，機遇稍縱即逝。建設世界科技強國，對於積體電路產業而言，就需要牢牢建構起全面發展的合力，建構完整的產業鏈。今天積體電路產業每個人的努力，正在改變中國大陸的智慧發展生態，在你追我趕中共同創造著屬於中國大陸晶片的未來。國家要強大、產業要發展、消費有升級，離不開晶片的動力，而晶片動力則源於每一位從業者之「心」。

穿越歷史，照亮未來。回顧歷史之時，讓我們再凝視一九六九年的一個小故事：那一年的七月四日，葛洛夫從《時代》雜誌上剪下了《激勵的願景》一文：「任何一位導演都必須掌握極為複雜的技藝。他必須精通聲、光、攝影術；他必須擅於安撫人心；他必須懂得如何啟發、調動藝術才華。要成為一個真正傑出的導演，他還必須具備更為難得的本領：促使這些本質各異的因素融合為一、變成有機整體的力量和願景。」

在剪貼完這篇文章之後，葛洛夫在筆記本上寫道：

「那，我可以做什麼？」

致謝

落筆之際，思緒萬千。本書能夠寫成，與我們的合作夥伴、老師、朋友和家人的支持密不可分。

首先感謝茄子燴公司，尤其是凌露佳董事長、曹幻實總經理、曹樹民博士統籌策劃本書，在我們有意編寫本書還尚未有堅定信心的時候給了我們莫大的支持，並負責了全部商務工作，讓我們可以專心於圖書內容。感謝上海世紀出版集團王嵐總裁、上海科學技術出版社溫澤遠社長以及各位編輯及發行團隊的支援，讓我們可以在最短的時間內高品質地完成本書的出版。

還要感謝學業路上、就業路上的各位恩師教誨，我們才能從零開始了解晶片、認識晶片產業，也才能懂得如何去看待產業中的各種事物。儘管各位老師所做的指點有別，在此無法一一說明，但師恩難忘是我們此刻想表達的心情。依靠朋友們的悉心指導，我們才能對晶片產業有了更為系統的認知。感謝芯恩集成電路張汝京博士、清華大學魏少軍教授、北京大學上海微電子研究院程玉華博士、Lam Research 劉二壯博士、中芯國際周梅生博士、兆易創新朱一明董事長、復旦微電子學院執行院長張衛博士、科鈦網王展，以及老朋友陳衛、湯天申、朱敏、閆華峰、胡運望、張洪為、陳愛宗，正是你們的親自實踐、經歷和參與，才讓《一本書看懂晶片產業》一書的方向更加明確，內涵更加豐富，產業發展史更加完善，更具有時代意義。

除此之外，這本書的出版也離不開艾新教育校友的大力支持，特別要感謝復旦微電子謝輝、鴻之微科技曹榮根博士、泰凌微電子金海鵬、泓准達科技毛均泓、喜馬拉雅夏凡、廣立微的陸梅君博士、矽普半導體高盼盼、國科新材喬振華博士、瑝捷電子李夢雄博士及俞力黎、謝冰雪、張德林等校友代表，感謝你們的熱情支持，你們是艾新精誠團結、平等互助精神的實踐者，感謝你們付出的心血。

我們還要感謝家人，有你們的大力支持我們才能挑燈夜讀各種史料，順利梳理出晶片產業的發展脈絡。感謝在我們全心投入時候，你們承包了家務雜事，《一本書看懂晶片產業》一書的背後凝聚了你們的默默付出。

再次感謝各位家人、老師、朋友和合作方，也感謝我們這個發展的時代，讓我們得以創作《一本書看懂晶片產業》一書。本書涉及史料眾多，儘管我們已作核對，但仍或有疏漏和錯誤之處，敬請讀者指正。

國家圖書館出版品預行編目（CIP）資料

一本書看懂晶片產業：為非科技人寫的入門指南 / 謝志峰，陳大明編著 . -- 初版 . -- 臺北市：早安財經文化，2019.07
面；　公分 . --（早安財經講堂；86）
ISBN 978-986-83196-9-1(平裝)

1. 電子業　2. 晶片

484.6　　108010546

早安財經講堂 086

一本書看懂晶片產業

為非科技人寫的入門指南

作　　者：謝志峰．陳大明
封面設計：陳恩安
責任編輯：陳玉昭
行銷企畫：楊佩珍、游荏涵

發 行 人：沈雲驄
發行人特助：戴志靜、黃靜怡
出版發行：早安財經文化有限公司
電話：(02) 2368-6840　傳真：(02) 2368-7115
早安財經網站：www.goodmorningnet.com
早安財經粉絲專頁：http://www.facebook.com/gmpress

郵撥帳號：19708033　戶名：早安財經文化有限公司
讀者服務專線：(02)2368-6840　服務時間：週一至週五 10:00-18:00
24 小時傳真服務：(02)2368-7115
讀者服務信箱：service@morningnet.com.tw

總 經 銷：大和書報圖書股份有限公司
電話：(02)8990-2588
製版印刷：漾格科技股份有限公司
初版 1 刷：2019 年 9 月
初版 9 刷：2024 年 5 月

定　　價：380 元
I S B N：978-986-83196-9-1（平裝）

《芯事：一本書讀懂芯片產業》謝志峰、陳大明編著
本書經上海科學技術出版社有限公司授權出版，
限於台灣、香港等繁體字地區發行、銷售。